高等院校新能源专业系列教材
普通高等教育新能源类"十四五"精品系列教材

Distributed "PEDF" System

分布式"光储直柔"技术

李 斌 等 编著

·北京·

内 容 提 要

本书共分为4篇：第1篇光伏电站设计，主要介绍了设计总则、设计核心，并结合实例进一步说明；第2篇储能技术，从国内外储能发展、储能技术特点与储能系统设计及电力系统应用进行介绍；第3篇"光储直柔"技术，详细分析了"光储直柔"系统架构，建立直流建筑标准，引入新型电力系统案例进行分析与展望；第4篇运行及维护，从光伏电站运行原理要求、运行维护、故障分析及异常处理进行介绍。

本书既可作为高等院校电气工程及其自动化、新能源科学与工程等专业教材，也可作为科研院所从事光伏电站系统设计、运行及维护等方面相关工程技术人员的学习、培训教材及参考用书。

图书在版编目（CIP）数据

分布式"光储直柔"技术 / 李斌等编著. -- 北京：中国水利水电出版社，2023.8
高等院校新能源专业系列教材　普通高等教育新能源类"十四五"精品系列教材
ISBN 978-7-5226-1646-9

Ⅰ. ①分… Ⅱ. ①李… Ⅲ. ①太阳能光伏发电－高等学校－教材 Ⅳ. ①TM615

中国国家版本馆CIP数据核字(2023)第136677号

书　　名	高等院校新能源专业系列教材 普通高等教育新能源类"十四五"精品系列教材 **分布式"光储直柔"技术** FENBUSHI "GUANG CHU ZHI ROU" JISHU
作　　者	李斌　等　编著
出版发行	中国水利水电出版社 （北京市海淀区玉渊潭南路1号D座　100038） 网址：www.waterpub.com.cn E-mail：sales@mwr.gov.cn 电话：（010）68545888（营销中心）
经　　售	北京科水图书销售有限公司 电话：（010）68545874、63202643 全国各地新华书店和相关出版物销售网点
排　　版	中国水利水电出版社微机排版中心
印　　刷	清淞永业（天津）印刷有限公司
规　　格	184mm×260mm　16开本　12.5印张　304千字
版　　次	2023年8月第1版　2023年8月第1次印刷
定　　价	**68.00元**

凡购买我社图书，如有缺页、倒页、脱页的，本社营销中心负责调换
版权所有·侵权必究

本书编委会

主　编　李　斌
副主编　郑文科　申景芳　方　刚
参　编　赵仕沛　王奋厚　刘学芝　孙海鹏

前　言

在面向"双碳"目标需求、实现技术创新突破的背景下，"光储直柔"系统受到广泛关注。《国务院关于印发2030年前碳达峰行动方案的通知》（国发〔2021〕23号）中明确指出，要"提高建筑终端电气化水平，建设集光伏发电、储能、直流配电、柔性用电于一体的'光储直柔'建筑"。"光储直柔"系统将成为建筑及相关部门实现"双碳"目标的重要技术支撑。

《关于完善能源绿色低碳转型体制机制和政策措施的意见》（发改能源〔2022〕206号）中要求"鼓励光伏建筑一体化应用""发挥需求侧资源削峰填谷、促进电力供需平衡和适应新能源电力运行的作用""支持用户侧储能、电动汽车充电设施、分布式发电等用户侧可调节资源，以及负荷聚合商、虚拟电厂运营商、综合能源服务商等参与电力市场交易和系统运行调节"等。

在能源系统低碳发展需求下，建筑定位发生了变化。作为能源用户的基础，建筑既是再生能源发电的生产者，也是响应外部能源供给侧变化，有效承担起从用户侧调节出发、适应供给侧变化特点，从单一的用户/负载转变为集能源生产、消耗、调蓄于一体的复合体。"光储直柔"建筑新型能源系统（以下简称"光储直柔"系统）的最终目标是实现柔性用能，期望建筑从原来电力系统内的刚性用电负载变为灵活的柔性负载。实现建筑柔性用能，一方面要将建筑融入电网或电力系统中，理解电网侧需要建筑用能实现什么样的效果；另一方面则是在建筑内部能够对电网要求的柔性用能进行有效响应，通过调度建筑内部的系统、设备满足电网侧调节需求。

未来电力系统将转型成为以风电、光电等可再生能源为主体的零碳电力系统，风电、光电的发展需要有效解决安装、消纳和调蓄等问题。

本书由华北水利水电大学李斌担任主编；河南省环境保护产业协会环评专委会郑文科、黄河生态环境科学研究所申景芳、固德威技术股份有限公司方刚担任副主编；河南省生态环境技术中心赵仕沛，河南尚真科彦工程技术有限公司王奋厚、刘学芝、孙海鹏等参与编写。由于作者能力有限，书中不足之处，望广大读者不吝赐教。

李　斌

2023年8月于华北水利水电大学

目 录

前言

第1篇 光伏电站设计

第1章 光伏发电系统 ... 3
1.1 系统组成 ... 3
1.2 工作原理 ... 4
1.3 分类及特点 ... 4

第2章 分析与规划 ... 7
2.1 太阳能资源分析 ... 7
2.2 公共电网接入分析 ... 12
2.3 厂址选择及规划 ... 18

第3章 光伏电站设计 ... 21
3.1 光伏发电系统设计 ... 21
3.2 光伏发电并网设计 ... 46
3.3 升压站设计 ... 60

第4章 设计实例 ... 65
4.1 实例一 ... 65
4.2 实例二 ... 71

第2篇 储能技术

第5章 储能概况 ... 81
5.1 储能发展概况 ... 81
5.2 分类及其特点 ... 84
5.3 储能系统设计 ... 90
5.4 储能应用实例 ... 107

第6章 氢储能 ... 110
6.1 制氢 ... 110
6.2 储氢 ... 112
6.3 应用挑战 ... 114

6.4 氢电技术 116

第3篇 "光储直柔"技术

第7章 "光储直柔"技术 121
7.1 技术架构 121
7.2 柔性并网技术 125
7.3 技术标准 130
7.4 政策支持 133

第8章 融合新型电力系统 135
8.1 技术作用 135
8.2 应用实例 136
8.3 研究展望 138

第4篇 运行及维护

第9章 分布式光伏电站运行及维护概述 143
9.1 我国分布式光伏电站发展概况 143
9.2 分布式光伏电站运行及维护指导原则 144
9.3 分布式光伏电站运行及维护 145

第10章 光伏电池组件运行及维护概述 147
10.1 安装型式 147
10.2 运行及维护规定 148
10.3 异常处理及其巡检 149

第11章 直流汇流箱及配电柜运行及维护概述 154
11.1 技术要求 154
11.2 运行及维护 155
11.3 异常处理及故障分析 156

第12章 分布式光伏逆变器运行及维护概述 158
12.1 主要技术参数 158
12.2 运行及维护 159
12.3 异常处理及故障分析 160

第13章 升压变压器运行及维护概述 163
13.1 运行与维护 163
13.2 故障分析及处理 164

第14章 无功补偿设备运行及维护概述 166
14.1 运行及维护 166
14.2 异常处理 167

第 15 章　配电装置运行及维护概述	168
15.1　运行及维护	168
15.2　异常处理	169

第 16 章　架空线路运行及维护概述	170
16.1　运行及维护	170
16.2　异常处理	171

第 17 章　继电保护装置运行及维护概述	173
17.1　运行及维护	173
17.2　异常处理	174

第 18 章　计算机监控系统运行及维护概述	176
18.1　运行及维护	176
18.2　异常处理	177

第 19 章　光伏电站运维管理概述	178
19.1　生产运行与维修管理	178
19.2　安全与质量监控	179
19.3　其他管理	180

附录　GOODWE SMT 系列产品介绍	181
参考文献	186

第1篇 光伏电站设计

第1篇　米北地区水系

第1章 光伏发电系统

1.1 系统组成

光伏发电系统通常由太阳能电池组件、逆变器、变压器等部分组成,如图1-1所示。

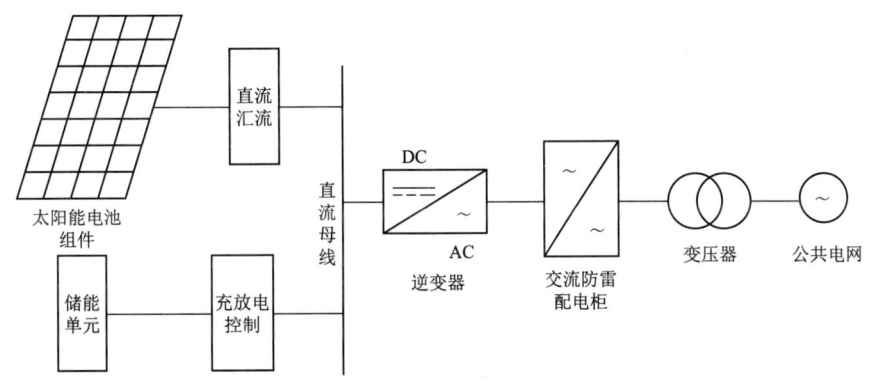

图1-1 光伏发电系统组成

1.1.1 太阳能电池组件

太阳能电池组件是光伏发电系统中的核心部分,作用是将光能转换成电能,是能量转换的器件。发电电压及装机容量较大时将电池组件串并联构成组件方阵。

太阳能电池组件种类有单晶硅、多晶硅、非晶硅光伏电池。单晶硅太阳能电池的光电转换效率为15%左右,成本高;多晶硅太阳能电池光电转换效率在12%左右,成本适中;非晶硅太阳电池因工艺过程简化,硅材料消耗少、电耗低、弱光发电性能好,光电转换效率约为10%,稳定性较差;多元化合物太阳能电池(如硫化镉太阳能电池、砷化镓太阳能电池、铜铟硒太阳能电池等)处于实验室阶段,尚未工业化生产。从性能及成本角度考虑,实际运营的分布式光伏发电站采用晶硅太阳能电池。

1.1.2 蓄电池组

蓄电池的作用是储存太阳能电池组件产生的电能向负载供电。光伏发电系统对蓄电池组的要求是使用寿命长,深放电能力强,充电效率高,维护少或免维护,价格低廉。

1.1.3 控制器

控制器的作用是使太阳能电池和蓄电池高效、安全、可靠工作，防止蓄电池过充和过放，延长蓄电池的使用寿命。蓄电池循环充放电次数及放电深度是决定蓄电池使用寿命的重要因素。

1.1.4 逆变器

逆变器是将直流电转换成交流电的设备，逆变器按运行方式可分为独立运行逆变器和并网逆变器。独立运行逆变器用于独立运行的光伏发电系统，为独立负载供电。并网逆变器用于并网运行的光伏发电系统。逆变器按输出波形可分为方波逆变器和正弦波逆变器，方波逆变器电路简单，造价低，谐波分量大，用于几百瓦以下和对谐波要求不高的系统。正弦波逆变器成本高，可以适用于各种负载。

光伏发电系统设计使用寿命为25年，要求光伏逆变器的设计寿命达到同等水平保证系统正常工作，光伏逆变器故障会导致光伏发电系统停机，高可靠性是光伏逆变器的重要技术指标。

分布式光伏逆变器一般为1~30kW，用于住宅和工商业屋顶，组串型光伏逆变器单相产品以升压电路和单相无变压器拓扑结构为主，三相产品以升压电路加三相三电平无变压器拓扑结构为主。

1.2 工 作 原 理

光伏发电系统是利用太阳能电池组件和辅助设备将太阳能转换成电能的系统，工作原理如下：

太阳能电池组件由光伏电池单元串联或并联而成。光伏电池单元是由半导体硅材料制成，当阳光照射太阳能电池组件时，光子的能量被吸收，激发了太阳能电池单元中的半导体硅材料，使其中的电子跃迁到导带中，形成自由电子和空穴。

太阳能电池组件内部采用P-N结构，即正负型半导体结构。当光激发的电子和空穴被分离后，电子通过导电材料的导带流向电池的负极（阳极），而空穴则通过半导体材料的价带流向电池的正极（阴极）。电子和空穴的分离产生了正负电荷的堆积形成电势差，电势差由太阳能电池组件的材料特性和结构决定。外部电路连接到太阳能电池组件时，电子和空穴开始在电路中流动形成电流。

光伏发电系统通常配备电池储能系统，将多余的电能储存起来，供夜间或低光照时使用。光伏发电系统通过逆变器将产生的电能连接到电网中，实现与电网的互联互通。逆变器是光伏发电系统中的重要组件，将直流电转换为交流电，以适应电网或电器设备的要求。

1.3 分 类 及 特 点

1.3.1 光伏发电系统分类

光伏发电系统分为独立光伏发电系统和并网光伏发电系统。

1.3.1.1 独立光伏发电系统

独立光伏发电也称为离网光伏发电。通常建设在远离电网的偏远地区或作为野外移动式便携电源。独立光伏发电系统主要由光伏组件、控制器和蓄电池组成,为交流负载供电,需要配置交流逆变器。工作原理:白天在太阳光的照射下,通过控制器的控制太阳能电池组件产生的直流电一部分经逆变器转化为交流电,另一部分对蓄电池进行充电;当阳光不足时,蓄电池向逆变器送电,经逆变器转化为交流电供交流负载使用,如图1-2所示。

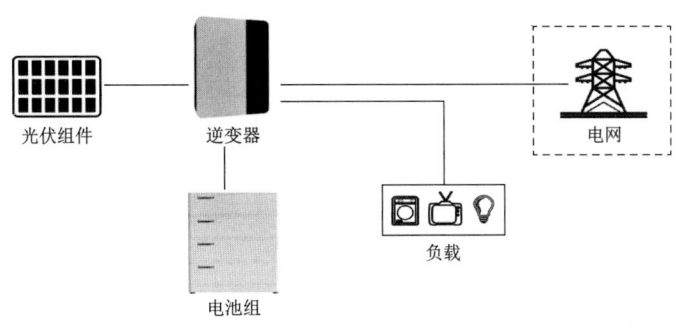

图1-2 独立光伏发电系统

1.3.1.2 并网光伏发电系统

并网光伏发电系统是将光伏阵列产生的直流电经过并网逆变器转换成公共电网要求的交流电,将电能输入电网。系统需要专用并网逆变器,保证输出电力满足电网对电压、频率等指标的要求。

并网光伏发电系统分为集中式大型并网光伏系统和分布式中小型并网发电系统。集中式大型并网光伏系统特点是将所发电能直接输送到电网,由电网统一调配向用户供电,电站投资大、建设周期长、占地面积大。分布式小型并网发电系统,投资小,建设快,占地面积小,国家政策支持力度大等优点,是并网光伏发电的主流。如图1-3所示。

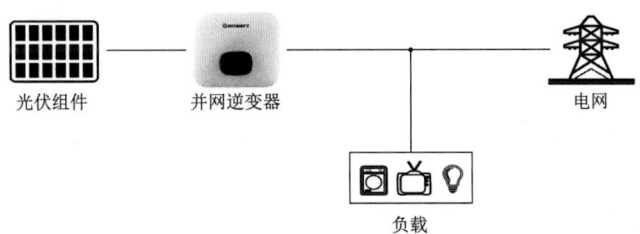

图1-3 并网光伏发电系统

1.3.2 光伏发电系统特点

太阳能是一种可再生能源,光伏发电系统利用太阳能作为能源。相比于传统的化石燃料发电方式,光伏发电系统具有环境友好性和可持续性。

系统在发电过程中不会产生温室气体、大气污染物和其他有害物质。有助于减少空气污染和水污染,改善环境质量。

分布式发电方式减少电能传输损耗，系统安装在不同的地点，提高能源利用效率。系统提供电力减轻对传统电网的依赖。系统没有机械运动部件，工作时没有噪声产生，不会对周围环境和居民造成噪声污染。

太阳能电池组件具有较长的使用寿命。系统维护成本较低，须定期清洁和检查，确保太阳能电池组件的正常运行。

光伏发电系统根据实际需求进行灵活安装和扩展。根据用电负荷的变化增加或减少太阳能电池组件的数量，满足不同的电力需求。

第 2 章 分析与规划

2.1 太阳能资源分析

2.1.1 太阳能资源分布及太阳辐射

2.1.1.1 太阳能资源分布

我国的太阳能资源分布极不均匀，大致可分为五类地区：

(1) 一类地区：全年日照时数达到 3200~3300h 的地区，主要包括青藏高原、甘肃北部、宁夏北部和新疆南部等地。

(2) 二类地区：全年日照时数达到 3000~3200h 的地区，主要包括河北西北部、山西北部、内蒙古南部、宁夏南部、甘肃中部、青海东部、西藏东南部和新疆南部等地。

(3) 三类地区：全年日照时数达到 2200~3000h 的地区，主要包括山东、河南、河北东南部、山西南部、新疆北部、吉林、辽宁、云南、陕西北部、甘肃东南部、广东南部、福建南部、江苏北部和安徽北部等地。

(4) 四类地区：全年日照时数达到 1400~2200h 的地区，主要包括长江中下游及福建、浙江和广东部分地区。此类地区春夏季多雨或阴天，秋冬季太阳能资源较丰富。

(5) 五类地区：全年日照时数达到 1000~1400h 的地区，主要包括四川、贵州。此类地区是我国太阳能资源较少的地区。

第一~第三类地区年日照时数大于 2200h，是我国太阳能资源丰富或较丰富的地区，其面积占全国总面积的 2/3 以上，太阳能利用条件良好。第四、第五类地区虽然太阳能资源条件较差，但仍具有一定的利用价值。太阳能年总辐射量分区情况如图 2-1 所示。

2.1.1.2 太阳辐射分析

1. 大气对太阳辐射的减弱主要因素

(1) 大气散射：大气中的气溶胶和气体会散射太阳光，使得部分光线偏离原来的方向。散射会使得太阳光在大气中传播的路径更长，从而减弱了太阳辐射的强度。

(2) 大气吸收：大气中的气体，如水蒸气、二氧化碳和臭氧等，对太阳光有一定的吸收作用。这些气体吸收了一部分太阳辐射的能量，并将其转化为热能。

(3) 大气透射：大气对太阳辐射有一定的散射和吸收作用，但仍然有一部分辐射能够透过大气层到达地面。

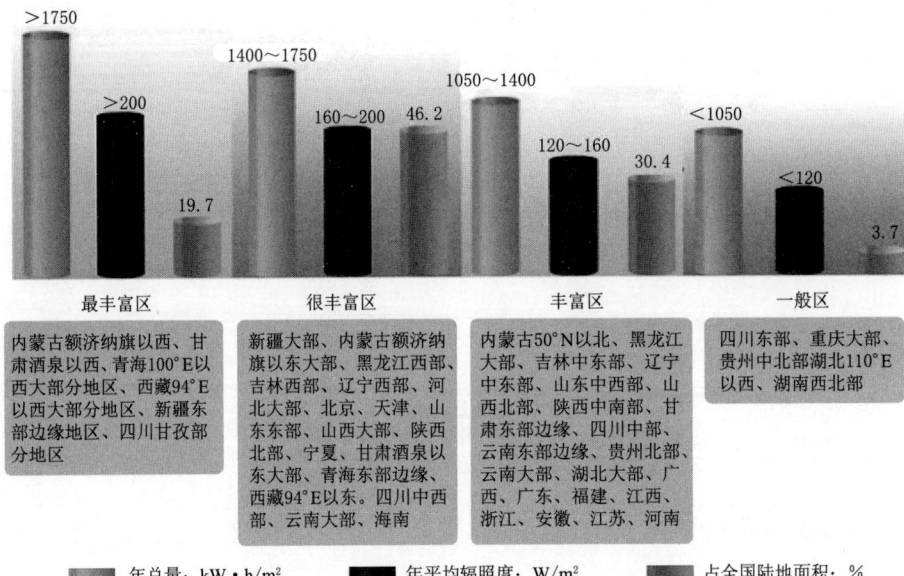

图2-1 太阳能年总辐射量分区情况

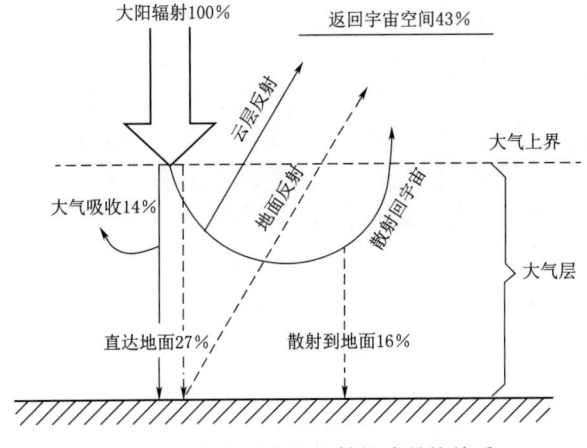

图2-2 大气对太阳辐射的减弱的关系

2. 大气质量

大气对地球表面接收太阳光的影响程度定义为大气质量。

太阳辐射路径上单位截面积空气柱的质量称为大气质量数。在标准状态下（气压 $p=101\text{kPa}$，气温为 0℃）太阳光垂直投射到地面所经路程中，单位截面积空气柱的质量称为一个大气质量数。

大气质量数随太阳高度角的增大而减小；当太阳高度角减小时，大气质量数迅速增大，如图2-3所示。

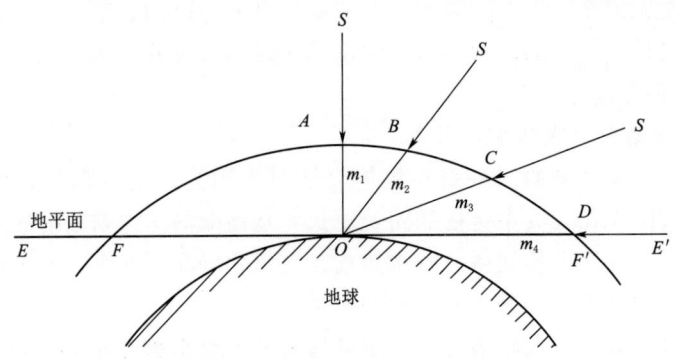

图2-3 不同太阳高度角下的大气质量数

不同太阳高度角时的大气质量数见表 2-1。

表 2-1　　　　　　　　　　不同太阳高度角时的大气质量数

太阳高度角/(°)	90	60	30	10	5	3	1	0
大气质量数	1	1.15	2	5.6	10.4	15.4	27	35.4

当太阳高度角 h 在 $30°\sim 90°$ 时，地面上一点的大气质量数为

$$m = \csc h_z = \frac{1}{\sin h} \qquad (2-1)$$

式中　h_z——太阳天顶角。

3. 大气透明系数 a

大气透明系数是透过一个大气质量的透射辐射与入射辐射之比。影响大气透明系数的因素有海拔、水汽、微尘、云雾等。大气透明系数等于透过一个大气质量数（$m=1$）后的太阳辐射强度 E_1 与透过前的太阳辐射能量强度 E_0 之比，即

$$a = \frac{E_1}{E_0} \qquad (2-2)$$

则透过第 m 个（$m=1$）气层的总辐射量为

$$E_m = a^m E_0 \qquad (2-3)$$

到达地面的太阳辐射能量强度为

$$E = a^m E_m \qquad (2-4)$$

水平面直接辐射能量强度为

$$E_{sb} = a^m E_0 \sin h \qquad (2-5)$$

任意倾斜面直接辐射能量强度为

$$E_{坡} = a^m E_0 \sin \alpha \qquad (2-6)$$

式中　α——太阳光线和倾斜面的夹角，(°)。

4. 辐射量

(1) 大气层外的太阳辐射为

$$E_0 = \frac{24 \times 3600}{\pi} \gamma E_{sc} \left(\frac{\pi \omega_s}{180°} \sin\varphi \sin\delta + \cos\varphi \cos\delta \cos\omega_s \right) \qquad (2-7)$$

式中　E_{sc}——太阳常数，世界气象组织（WMO）1981 年公布的太阳常数值是 $(1367\pm 7)\mathrm{W/m^2}$；

　　　ω_s——日出、日没时角，rad；

　　　δ——太阳赤纬角；

　　　γ——太阳辐射通量的修正值。

太阳辐射通量的修正值计算式为

$$\gamma = 1 + 0.033 \cos\left(\frac{360N}{365}\right) \qquad (2-8)$$

式中　N——一年中的日期序号。

(2) 太阳直接辐射日总量。从日面及其周围一小立体角内发出的太阳辐射，称为太阳直接辐射，其日总量为

第2章 分析与规划

$$Q = \int_{\omega_{sv}}^{\omega_{ss}} a^m E_0 \sin h \, d\omega \tag{2-9}$$

式中 ω_{sv}——日出时刻；

ω_{ss}——日没时刻。

对大气上界，有

$$Q = E_0 \int_{\omega_{sv}}^{\omega_{ss}} (\sin\varphi\sin\delta + \cos\varphi\cos\delta\cos\omega) d\omega \tag{2-10}$$

因为存在

$$dt = \frac{T}{2\pi} d\omega \tag{2-11}$$

从而有

$$Q = E_0 \frac{\pi}{T}(\omega_0 \sin\varphi\sin\delta + \cos\varphi\cos\delta\cos\omega_0) \tag{2-12}$$

式中 $T = 86400s$ 是以秒计的一天总时间。

大气质量数和太阳高度角都是随时间而变。

$$Q = E_0 \frac{T}{2\pi} \int_{-\omega_0}^{\omega_0} a^m (\sin\varphi\sin\delta + \cos\varphi\cos\delta\cos\omega_0) d\omega \tag{2-13}$$

5. 根据观测站资料计算太阳能总辐射量

（1）日太阳总辐射量。

$$Q_n = \frac{TI_0}{\pi\rho^2}(\omega_0 \sin\varphi\sin\delta + \cos\varphi\cos\delta\sin\omega_0) \tag{2-14}$$

式中 Q_n——日太阳总辐射量，$MJ/(m^2 \cdot d)$；

T——时间周期，$24 \times 60 min/d$；

I_0——太阳常数为 0.0820，$MJ/(m^2 \cdot min)$；

ρ——日地距离系数，无量纲；

φ——地理纬度，rad；

δ——太阳赤纬角，rad；

ω_0——日出、日没时角，rad。

（2）月太阳总辐射量。月太阳总辐射量按有太阳辐射观测点及无太阳辐射观测点 2 种情况分别计算。

1）有太阳辐射观测点的地点（日射站），月太阳总辐射量为

$$Q_M = \sum_{d=1}^{M} Q_d \tag{2-15}$$

式中 Q_M——计算点所在地月太阳总辐射量，$MJ/(m^2 \cdot d)$；

Q_d——观测点日太阳总辐射量观测值，$MJ/(m^2 \cdot d)$；

M——计算月的天数。

2）对无太阳辐射观测点的地点，利用最小二乘法求月太阳总辐射量，即

$$Q_M = Q_0(a + bS) \tag{2-16}$$

式中 S——月日照百分率；

a，b——经验系数。

根据计算点最近的日射站观测资料，利用最小二乘法计算求出，经验系数 a、b，分别为

$$a = \overline{y} - b\overline{S}_1' \qquad (2-17)$$

$$b = \frac{\sum_{i=1}^{n}(S_{1i}' - \overline{S}_1')(y_i - \overline{y})}{\sum_{i=1}^{n}(S_{1i}' - \overline{S}_1')^2} \qquad (2-18)$$

式中　S_{1i}'——参考点逐年月日照百分率；

　　　$\overline{S}_1'$——参考点月日照百分率平均值；

　　　y_i——参考点逐年月实际太阳辐射量与月太阳总辐射量的比值；

　　　$\overline{y}$——参考点历年月实际太阳辐射量与月太阳总辐射量的比值；

　　　n——观测资料的样本数。

$$y_f = \frac{Q_i'}{Q_0'} \qquad (2-19)$$

式中　Q_0——月太阳总辐射量，$MJ/(m^2 \cdot d)$。

设 Q_n 是观测点日太阳总辐射量，M 是计算月的天数，则 Q_0 为

$$Q_0 = \sum_{n=1}^{M} Q_n \qquad (2-20)$$

（3）年太阳总辐射量为

$$Q_Y = \sum_{M=1}^{12} Q_M \qquad (2-21)$$

式中　Q_Y——计算地点年太阳总辐射量，$MJ/(m^2 \cdot d)$；

　　　Q_M——计算地点逐月太阳总辐射量，$MJ/(m^2 \cdot d)$。

2.1.2　太阳能资源数据获取

太阳能资源数据获取可参考气象站基本条件和数据采集，主要包括下列内容：

（1）最近连续 10～30 年的逐年各月太阳总辐射量、直接辐射量、散射辐射量、日照时数的观测记录，且与站址现场观测站同期至少一个完整年的逐小时的观测记录。

（2）最近连续 10 年的逐年各月最大辐照度平均值。

（3）近 30 年来的多年月平均气温、极端最高气温、极端最低气温、昼间最高气温、昼间最低气温。

（4）多年平均风速、多年极大风速及发生时间、主导风向，多年最大冻土深度和积雪厚度，多年平均降水量和蒸发量。

（5）近 30 年来的灾害性天气，包括年连续阴雨天数、雷暴次数、冰雹次数、沙尘暴次数、强风次数等。

2.1.3　太阳能资源数据观测

在光伏电站站址处宜设置太阳辐射现场观测站，观测内容应包括总辐射量、直射辐

射量、散射辐射量、最大辐照度、气温、湿度、风速、风向等的实测时间序列数据，且应按照现行行业标准《地面气象观测规范》（GB/T 35231）的规定进行安装和实时观测记录。

(1) 对太阳辐射观测数据应进行完整性检验，观测数据应符合下列要求：

1) 观测数据的实时观测时间顺序应与预期的时间顺序相同。

2) 按时间顺序实时记录的观测数据量应与预期记录的数据量相等。

(2) 对太阳辐射观测数据应依据日太阳辐射量等进行合理性检验，观测数据应符合下列要求：

1) 总辐射最大辐照度小于 $2kW/m^2$。

2) 散射辐射数值小于总辐射数值。

3) 日太阳总辐射量小于可能的日太阳总辐射量，可能的日太阳总辐射量应符合规范 GB/T 35231 的规定。

(3) 太阳辐射观测数据经完整性和合理性检验后，其中不合理和缺测的数据应进行修正，并补充完整。其他可供参考的同期记录数据经过分析处理后，可填补无效或缺测的数据，形成完整的长序列观测数据。

2.1.4 太阳能资源分析

光伏电站太阳能资源分析内容包括：

(1) 长时间序列的年太阳总辐射量变化和各月太阳总辐射量年际变化。

(2) 代表年的月变化和各月典型日变化。

(3) 电站使用年限内的平均年太阳总辐射量和月太阳总辐射量预测。

(4) 总辐射最大辐照度预测。

2.2 公共电网接入分析

2.2.1 光伏电站分类

光伏发电系统按是否接入公共电网可分为并网光伏发电系统和独立光伏发电系统；并网光伏发电系统按接入并网点的不同可分为用户侧光伏发电系统和电网侧光伏发电系统；光伏发电系统按是否与建筑结合可分为与建筑结合的光伏发电系统和地面光伏发电系统；光伏发电系统按安装容量可分为小型（安装容量小于或等于 1MW）、中型（安装容量大于 1MW 且小于或等于 30MW）和大型（安装容量大于 30MW）光伏发电系统。

国家能源局出台《国家能源局关于进一步落实分布式光伏发电有关政策的通知》，文中提出："在地面或利用农业大棚等无电力消费设施建设、以 35kV 及以下电压等级接入电网（东北地区 66kV 及以下）、单个项目容量不超过 2 万 kW 且所发电量主要在并网点变电台区消纳的光伏电站项目，纳入分布式光伏发电规模指标管理，执行当地光伏电站标杆上网电价。"

依据能源局对分布式发电系统的定义，国家电网公司在《国家电网公司关于印发分布式电源并网服务管理规则的通知》（国家电网营销〔2014〕174 号）将分布式电源定义分为三类：

（1）第一类：10kV 以下电压等级接入，且单个并网点总装机容量不超过 6MW 的分布式电源。

（2）第二类：35kV 电压等级接入，年自发自用大于 50%的分布式电源；或 10kV 电压等级接入且单个并网点总装机容量超过 6MW，年自发自用电量大于 50%的分布式电源。

（3）第三类：接入点为公共连接点，发电量全部上网的发电项目，小水电，除第一类、第二类以外的分布式电源。

第一类、第二类分别代表屋顶分布式和地面分布式项目；第三类对应全额上网模式的分布式项目。本着简便高效原则做好并网服务，执行国家电网公司常规电源相关管理规定。

2.2.2 电能质量要求

（1）直接接入公共电网的光伏电站应在并网点装设电能质量在线监测装置；接入用户侧电网的光伏电站的电能质量监测装置应设置在关口计量点。大、中型光伏电站电能质量数据应能够远程传送到电力调度部分，小型光伏电站应能储存一年以上的电能质量数据，必要时可供电网企业调用。

（2）光伏站接入电网后引起电网公共连接点的谐波电压畸变率以及向电网公共连接点注入的谐波电流应符合现行国家标准《电能质量 公用电网谐波》（GB/T 14549）的规定。

（3）光伏站接入电网后，公共连接点的电压应符合现行国家标准《电能质量 供电电压偏差》（GB/T 12325）的规定。

（4）光伏站引起公共连接点处的电压波动和闪变应符合现行国家标准《电能质量 电压波动和闪变》（GB/T 12326）的规定。

（5）光伏站并网运行时，公共连接点三相电压不平衡度应符合现行国家标准《电能质量 三相电压不平衡》（GB/T 15543）的规定。

（6）光伏站并网运行时，向电网馈送的直流电流分量不应超过其交流额定值的 0.5%。

2.2.3 功率控制和电压调节

2.2.3.1 有功功率控制

光伏电站需要安装有功功率控制系统，能够接收并自动执行电网调度部门远方发送的有功出力控制信号，根据电网频率值、电网调度部门指令等信号自动调节电站的有功功率输出，确保光伏电站最大输出功率及功率变化率不超过电网调度部门的给定值，以便在电网故障和特殊运行方式时保证电力系统稳定性。

2.2.3.2 无功电压调节

大型和中型光伏电站参与电网电压调节的方式包括调节光伏电站的无功功率、调节无功补偿设备投入量以及调整光伏电站升压变压器的变比等。

大型和中型光伏电站的功率因数应在 0.98（超前）～0.98（滞后）连续可调。如有特殊要求时，可与电网企业协商确定。在无功输出范围内，大型和中型光伏电站应具备根据并网点电压水平调节无功输出，参与电网电压调节的能力，其调节方式、参考电压、电压调差率等参数应可由电网调度机构远程设定。

小型光伏电站输出有功功率大于其额定功率的 50% 时，功率因数应不小于 0.98（超前或滞后），输出有功功率为 20%～50% 时，功率因数应不小于 0.95（超前或滞后）。

2.2.3.3 光伏电站运行

1. 启动

大型和中型光伏电站启动时需要考虑光伏电站的当前状态、来自电网调度机构的指令和本地测量的信号。光伏电站启动时应确保输出的有功功率变化不超过所设定的最大功率变化率。

2. 运行

电网调度可结合电网实际运行需要确定以下光伏电站运行模式。

（1）最大出力模式：指调度给光伏电站下达全场最大出力曲线，对低于最大出力曲线的情况不限制。

（2）恒出力模式：指调度给光伏电站下达全场出力曲线为一恒定值。

（3）无约束模式：指调度对光伏电站实时出力没有限制，光伏电站可以根据太阳辐照度情况自行调整出力。

（4）联络线调整模式：指调度根据光伏电站相关送出潮流约束情况，下达光伏发电出力曲线。

3. 停机

除发生电气故障或接受到来自于电网调度机构的指令以外，光伏电站同时切除的功率应在电网允许的最大功率变化率范围内。

2.2.4 异常响应特性

2.2.4.1 电网异常响应问题

1. 电压异常

（1）压降：也称下陷，电网电压低于标称电压的 15%～20%，时间可能持续数秒。

（2）电涌：也称浪涌，电网电压瞬间高于标称电压 10% 以上，时间持续数秒。

（3）持续欠电压：欠电压是指工频下交流电压均方根值降低，小于额定值的 10%，并且持续时间大于 1min 的长时间电压变动现象。

（4）持续过电压：过电压是指电力系统在特定条件下所出现的超过工作电压的异常电压升高。

（5）线噪：因线路屏蔽差而引入的射频或电磁干扰。

2. 频率异常

频率漂移：发电机不稳定造成的电网频率偏差。

3. 运行方式异常

（1）开关瞬态：也称暂态，由电气设备开关或放电造成的电压偏差，持续时间极短，仅数纳秒。

（2）谐波：电网中由非线性特性的电气设备产生的对交流电正弦波形的干扰。

（3）停电：电网停止工作，无电压输出。

2.2.4.2 电压异常的响应要求

小型光伏电站在电网电压异常时的响应要求见表 2-2。

表 2-2　　　　　　　　小型光伏电站在电网电压异常时的响应要求

并网点电压/V	最大分闸时间/s	并网点电压/V	最大分闸时间/s
$U<0.5U_N$	0.1	$1.1U_N \leqslant U<1.35U_N$	2.0
$0.5U_N \leqslant U<0.85U_N$	2.0	$1.35U_N \leqslant U$	0.05
$0.85U_N \leqslant U<1.1U_N$	连续运行		

在电力系统中，U_N 通常表示并网点的额定电压。并网点是指将分布式发电系统（如光伏发电系统）或其他电源接入到电力系统中的节点。U_N 代表该节点的额定电压，也就是在正常运行情况下，该节点的电压应该维持在 U_N 的数值。

大、中型光伏电站低压耐受能力要求如图 2-4 所示。

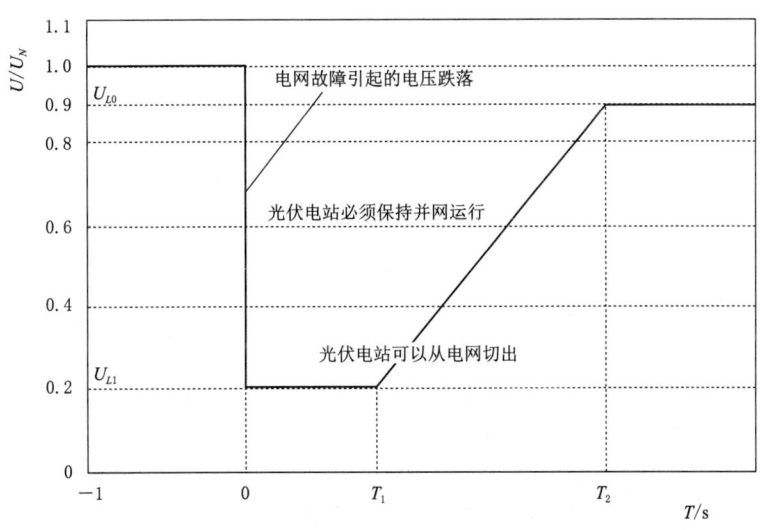

图 2-4　大、中型光伏电站的低压耐受能力要求

U_{L0}—正常运行的最低电压限值，一般取 0.9 倍额定电压；U_{L1}—需要耐受的电压下限；
T_1—电压跌落到 U_{L1} 时需要保持并网的时间；T_2—电压跌落到 U_{L0} 时需要保持并网的时间；
U_{L1}、T_1、T_2—确定需考虑保护和重合闸动作时间等实际情况

2.2.4.3 频率异常的响应特性

光伏电站并网时应与电网同步运行。对于小型光伏电站，当并网点频率为 49.5～50.2Hz 时，应在 0.2s 内停止向电网线路送电。如果在指定的时间内频率恢复到正常的电网持续运行状态，则无须停止送电。大、中型光伏电站在电网频率异常时的运行时间要求见表 2-3。

表 2-3　　　　大、中型光伏电站在电网频率异常时的运行时间要求

频率范围/Hz	运行时间要求
＜48	根据光伏电站逆变器允许运行的最低频率或电网要求而定
48~49.5	每次低于49.5Hz时要求至少能运行10min
49.5~50.2	连续运行
50.2~50.5	每次频率高于50.2Hz时，光伏电站应具备能够连续运行2min的能力，但同时具备0.2s内停止向电网线路送电的能力，实际运行时间由电网调度机构决定，此时不允许处于停运状态的光伏电站并网
＞50.5	在0.2s内停止向电网线路送电且不允许处于停运状态的光伏电站并网

2.2.5　安全与保护要求

2.2.5.1　基本要求

1. 要求

光伏电站应配置相应的安全保护装置，光伏电站的保护应符合可靠性、选择性、灵敏性和速动性的要求，与电网的保护相匹配。

2. 断开点

光伏电站必须在逆变器输出汇总点设置易于操作、可闭锁，且具有明显断开点的并网总断路器，以确保电力设施检修维护人员的人身安全。

3. 保护设置

并网保护装置主要实现的保护功能包括低电压保护、过电压保护、低频率保护、高频率保护、过电流保护以及孤岛保护策略等内容。通常大型光伏电站需要设置冗余保护装置，保证系统故障时及时处理。

2.2.5.2　过流与短路保护

1. 线路保护

（1）光伏电站通过专线接入110kV公用电网时，并网线路应配置光纤电流差动保护；光伏电站通过T接方式接入110kV公用电网时，宜配置三侧光纤电流差动保护。

（2）光伏电站通过专线接入10kV公用电网时，并网线路宜配置光纤电流差动保护；光伏电站通过T接方式接入10kV公用电网时，应在光伏电站侧和系统电源侧配置电流速断/过流保护。

（3）光伏电站接入400V电网时应配置低压智能断路器，应具有过载长延时、短路短延时、短路瞬时保护。

2. 光伏电站保护

光伏电站逆变器应具备过流与短路保护、防孤岛保护、恢复并网功能等，装置异常时自动脱离系统。

所有并网逆变器应全部同时具有被动式检测、主动式检测两种孤岛现象检测技术。

3. 过流保护

光伏电站须具备一定的过电流能力，在120%额定电流以下，连续可靠工作时间应不小于1min；在120%~150%额定电流内，光伏电站连续可靠工作应不小于10s。

光伏电站向电网输出的短路电流应不大于额定电流的150%。

2.2.5.3 防孤岛效应

孤岛效应是指光伏并网逆变器构成的局部电网从主电网脱离出来,并且在此局部电网中光伏并网逆变器持续给负载供电的一种电气现象。

(1) 非计划性孤岛现象。

(2) 计划性孤岛现象。

(3) 防孤岛。

2.2.5.4 逆功率保护

当光伏电站设计为不可逆并网方式时,应配置逆功率保护设备。当检测到逆向电流超过额定输出的5%时,光伏电站应在0.5~2s停止向电网线路送电。

2.2.5.5 恢复并网

系统发生扰动后,在电网电压和频率恢复正常范围之前光伏电站不允许并网,且在系统电压频率恢复正常后,光伏电站需要经过一个可调的延时时间后才能重新并网,延时一般为20s~5min,取决于当地条件。

2.2.6 调度自动化要求

(1) 大、中型光伏电站应配置相应的自动化终端设备,采集发电装置及并网线路的遥测和遥信量,接收遥控、遥调指令,通过专用通道与电力调度部门相连。

(2) 大、中型光伏电站计算机监控系统远动通信设备宜冗余配置,分别以主、备两个通道与电力调度部门进行通信。

(3) 在正常运行情况下,光伏电站向电力调度部门提供的远动信息应包括遥测量和遥信量。

1) 遥测量应包括下列内容:①发电总有功功率和总无功功率;②无功补偿装置的进相及滞相运行时的无功功率;③升压变压器高压侧有功功率和无功功率;④双向传输功率的线路、变压器的双向功率;⑤站用总有功电能量;⑥光伏电站的电压、电流、频率、功率因数;⑦大、中型光伏电站的辐照强度、温度等;⑧光伏电站的储能容量状态。

2) 遥信量应包括下列内容:①并网点断路器的位置信号;②有载调压主变分接头位置;③逆变器、变压器和无功补偿设备的断路器位置信号;④事故总信号;⑤出线主要保护动作信号。

3) 电力调度部门根据需要可向光伏电站传送下列遥控或遥调命令:①并网线路断路器的分合;②无功补偿装置的投切;③有载调压变压器分接头的调节;④光伏电站的启停;⑤光伏电站的功率调节。

接入220kV及以上电压等级的光伏电站应配置相量测量单元(PMU)。

中、小型光伏电站可根据当地电网实际情况对自动化设备进行适当简化。

2.2.7 其他要求

光伏电站通信可分为站内通信与系统通信。通信设计应符合现行行业标准《电力通信运行管理规程》(DL/T 544)和《电力系统自动交换电站网技术规范》(DL/T 598)的规定。中、小型光伏电站可根据当地电网实际情况对通信设备进行简化。

2.3 厂址选择及规划

2.3.1 用地规划与站区布置

2.3.1.1 整体要求

1. 与发展规划一致

光伏电站的站址选择应根据国家可再生能源中长期发展规划、地区自然条件、太阳能资源、交通运输、接入电网、地区经济发展规划、其他设施等因素进行全面考虑。

2. 与产业发展的协调

光伏电站的站址选择应从全局出发,正确处理与相邻农业、林业、牧业、渔业、工矿企业、城市规划、国防设施和人民生活等各方面的关系。

3. 总体要求

光伏电站的站址选择应结合电网结构、电力负荷、交通、运输、环境保护要求、出线走廊、地质、地震、地形、水文、气象、占地拆迁、施工,以及周围工矿企业对电站的影响等条件,拟订初步方案,通过全面的技术经济比较和经济效益分析,提出论证和评价。当有多个候选站址时,应提出推荐站址的排序。

2.3.1.2 自然条件

1. 太阳辐射量

光伏电站站址应选在Ⅲ类(即太阳能资源可利用区)以上地区。

2. 地质条件

(1) 光伏电站宜建在地震基本烈度为9度及以下地区,对于9度以上地区建站应进行地震安全性评价。

(2) 光伏电站站址选择时,应避开地质灾害易发区。

(3) 当光伏电站站址在采空区影响范围内时,应进行地质灾害危险性评估,综合评价地质灾害危险性的程度,提出建设站址适宜性的评价意见,并采取相应的防范措施。

3. 地势条件

(1) 光伏电站宜选择在地势平坦的地区或北高南低的坡度地区。

(2) 坡屋面光伏电站的建筑朝向宜为南或接近南向,避开遮挡。

(3) 场地标高应满足防洪标准,否则应有防洪设施。

(4) 对位于江、河、湖旁的光伏发电站,防洪堤堤顶标高应按防洪标准(重现期)的要求加0.5m确定;当受风、浪、潮影响较大时,应再加重现期为50年的浪爬高。

(5) 在以内涝为主地区建站时,防涝堤顶标高应按50年一遇的设计内涝水位加0.5m确定。有排涝设施时,则按设计内涝水位加0.5m确定。

(6) 山区应考虑防山洪和排山洪的措施,防排设施应按频率为1%的山洪设计。

光伏电站的等级和防洪标准见表2-4。

表 2-4　　　　　　　　　　光伏电站的等级和防洪标准

等级	规划容量/MW	防洪标准（重现期）
Ⅰ	≥500	≥100 年一遇高水位
Ⅱ	30～500	≥50 年一遇高水位
Ⅲ	<30	≥30 年一遇高水位

4. 气象条件

以多晴少云、多旱少雨的气候特征作为光伏电站站址选择的基本气象条件。其布置条件如下：

1）无遮光的障碍物。太阳能电站需要充足的阳光照射，遮光障碍物（如高大建筑物、树木等）会降低太阳能电站的发电效率。因此，选址时应避开有潜在遮光风险的区域，确保光伏电池可以充分接收阳光。

2）无盐害、公害。些地区可能存在盐害或公害问题，如空气中的化学物质、盐水气候等。这些因素可能对太阳能电站的组件（如玻璃、金属等）造成腐蚀或损坏，影响电站的正常运行。选址时应尽量避开这些有盐害或公害风险的区域。

3）无冬季的积雪、结冰、雷击灾害状态。在冬季，积雪和结冰可能会覆盖光伏组件表面，降低太阳能电池的工作效率。此外，雷击灾害可能会对太阳能电站的电气设备造成损坏。因此，应选择在冬季较少发生积雪、结冰和雷击的地区进行选址。

4）不易发生自然灾害。选址时要综合考虑地区的自然灾害风险，如地震、洪水、台风等。这些自然灾害可能对太阳能电站的结构和设备造成严重破坏，影响电站的运行。应选择低自然灾害风险的区域进行选址。

5）不易集结鸟粪。鸟粪可能会沾染在光伏组件表面，降低太阳能电池的工作效率。选址时应尽量避开鸟类聚集的区域，或采取相应的清洁措施来防止鸟粪对电站运行的影响。

对于光伏电站的布置，气象条件直接影响到电站的工作效率。

2.3.1.3　接入电网条件

光伏电站站址选择时应，充分考虑电站达到规划容量时接入电力系统的出线条件。

2.3.1.4　环境条件

1. 耕地与水源

光伏电站站址选择时应，利用非可耕地和劣地，不应破坏原有水系，做好植被保护，减少土石方开挖量。

2. 环境污染

光伏电站站址选择时应，避开空气经常受悬浮物严重污染的地区。

3. 矿产资源

光伏电站站址选择时应，应避让重点保护的文化遗址，不应设在有开采价值的露天矿藏或地下浅层矿区上。若站址地下深层压有文物、矿藏时，除应取得文物、矿藏有关部门同意的文件外，还应对站址在文物和矿藏开挖后的安全性进行评估。

2.3.1.5　交通

光伏电站站址选择时应，既要考虑施工时设备、材料及变压器等大型设备运输的方便，又要考虑运行、检修时交通运输的方便。

一般情况下，电站站址应尽可能选择在已有或规划的航空、铁路、公路、河流交通线附近，这样可以减少交通运输的困难和投资，加快建设并降低运输成本。

2.3.1.6 站区布置

光伏电站的站区总平面应根据发电站的生产、施工和生活需要，结合站址及其附近地区的自然条件和建设规划进行布置，应对站区供排水设施、交通运输、出线走廊等进行研究，立足近期，远近结合，统筹规划。

光伏电站的站区总平面布置应贯彻节约用地的原则，通过优化，控制全站生产用地、生活区用地和施工用地的面积；用地范围应根据建设和施工的需要按规划容量确定，宜分期、分批征用和租用。

2.3.2 道路设计

大、中型地面光伏电站站区可设2个出入口，其位置应使站内外联系方便。站区主要出入口处主干道行车部分的宽度宜与相衔接的进站道路一致，宜采用6m；次干道（环行道路）宽度宜采用4m。通向建筑物出入口处的人行引道的宽度宜与门宽相适应。

地面光伏电站的主要进站道路应与通向城镇的现有公路连接，其连接宜短捷且方便行车，宜避免与铁路线交叉。应根据生产、生活和消防的需要，在站区内各建筑物之间设置行车道路、消防车通道和人行道。站内主要道路可采用泥结碎石路面、混凝土路面或沥青路面。

2.3.3 管线综合设计

管线的敷设方式应符合下列要求：

（1）工艺管线和管沟宜沿道路布置。地下管线和管沟一般宜敷设在道路行车部分之外。

（2）电缆不应与其他管道同沟敷设。

（3）管沟、地下管线与建筑物、道路及其他管线的水平距离以及管线交叉时的垂直距离，应根据地下管线和管沟的埋深、建筑物的基础构造及施工、检修等因素综合确定。

第3章 光伏电站设计

光伏组件是光伏电站核心部分。支架和固定结构用于支撑和固定光伏组件,由金属材料制成。逆变器是光伏电站中关键设备,负责监测和控制光伏电站的运行状态,将电能输送到电网中。

传输系统:由直流电缆、交流电缆、连接器和配电箱等组成。

监控系统:对光伏电站进行实时监测和管理。监测光伏组件的发电效率、逆变器的运行状态、电能输出等,并提供故障诊断和报警功能。

辅助设备:防雷装置、温度传感器、清洁装置等,以提高电站的安全性、可靠性和维护效率。

3.1 光伏发电系统设计

3.1.1 发电量计算

并网光伏发电系统的发电量计算应根据系统所在地的太阳能资源情况,并考虑系统设计、电池组件转换效率、光伏方阵布置和各种环境条件等有关因素确定,年发电量通用计算公式为

$$E_P = HA\eta K \tag{3-1}$$

式中 E_P——年发电量,kW·h;
H——当地水平面年总辐射能,kW·h/m²;
A——光伏方阵面积,m²;
η——光伏组件转换效率;
K——修正系数。

其中,光伏方阵面积不仅仅是指占地面积,也包括光伏建筑一体化并网发电系统占用的屋顶、外墙立面等。光伏组件转换效率 η,根据生产厂家提供的电池组件参数选取,一般单晶硅组件取 15.5%~16.5%,多晶硅组件取 14.5%~15.5%。实际使用过程中,还有两种计算思路:一是通过光伏方阵的计划占用面积计算系统的年发电量;二是通过电池组件的安装容量计算系统的发电量。

(1)利用光伏方阵安装容量计算年发电量,年发电量为

$$E_P = HPK \tag{3-2}$$

式中 E_P——年发电量,kW·h;
H——当地水平面年总辐射能,kW·h/m²;
P——光伏方阵安装容量,kW;
K——修正系数。

(2) 利用峰值日照时数计算年发电量,年发电量为

$$E_P = tPK \qquad (3-3)$$

式中 E_P——年发电量,kW·h;
t——当地年峰值日照小时数,h;
P——光伏方阵安装容量,kW;
K——修正系数。

上面3种计算方法中,均需要确定修正系数 K,修正系数 K 为

$$K = K_1 K_2 K_3 K_4 K_5 K_6 K_7 K_8 \qquad (3-4)$$

式中 K_1——电池组件类型修正系数;
K_2——灰尘遮挡玻璃及温度升高造成组件功率下降修正系数;
K_3——电池组件长期运行性能衰降修正系数;
K_4——光伏方阵朝向与倾斜面夹角的修正系数;
K_5——光照利用率系数;
K_6——光伏发电系统可利用率系数;
K_7——线路损耗修正系数;
K_8——逆变器效率修正系数。

其中各个参数含义及取值约定具体如下:

1) K_1 为电池组件类型修正系数。不同类型电池组件的转换效率在不同辐照度、不同波长时会不同,该修正系数应根据电池组件类型和技术参数确定,一般晶体硅电池组件在不同的光照强度下,转换效率是个定值,所以系数一般取1。

2) K_2 为灰尘遮挡玻璃及温度升高造成组件功率下降修正系数。该系数的取值与环境的清洁度、环境温度及组件的清洗方案等有关,一般取0.9~0.95。

3) K_3 为电池组件长期运行性能衰降修正系数。该系数一般取0.9。

4) K_4 为光伏方阵朝向与倾斜面夹角的修正系数。同一系统有不同朝向和倾斜面的光伏方阵时,要根据各自条件分别计算发电量。光伏方阵朝向与倾斜面夹角的修正系数见表3-1。

表3-1 光伏方阵朝向与倾斜面夹角的修正系数

光伏方阵朝向	修正系数 K_4			
	倾斜面夹角为0°时	倾斜面夹角为30°时	倾斜面夹角为60°时	倾斜面夹角为90°时
东	0.93	0.9	0.78	0.55
东南	0.93	0.96	0.88	0.66
南	0.93	1	0.91	0.68
西南	0.93	0.96	0.88	0.66
西	0.93	0.9	0.78	0.55

5) K_5 为光照利用率系数。有些光伏发电系统由于环境或地理条件因素,光伏方阵不可避免地会受到障碍物对太阳光的遮挡,或者光伏方阵之间的互相遮挡,造成对太阳能资源的充分利用有影响,因此光照利用率系数取值范围小于等于1。当系统确保全年完全没有遮挡时,系数取1;当系统能保证全年9~16点时段内无遮挡时,系数取0.99。

6) K_6 为光伏发电系统可利用率系数。光伏发电系统可利用系数是指光伏发电系统因故障停机及检修所影响的时间与正常使用时间的比值,即

$$K_6 = \frac{8760-(停机小时+检修小时)}{8760} \qquad (3-5)$$

因光伏发电系统结构简单,设备部件可靠性高,一般很少出故障且维修方便,因此该系数一般为0.99以上。

7) K_7 为线路损耗修正系数。线路损耗包括:光伏方阵至逆变器之间的直流线缆损耗;逆变器至配电柜、变压器或并网计量点的交流电缆损耗;升压变压器的空载和负载损耗。该系数一般取0.96~0.99。

8) K_8 为逆变器效率修正系数。这里说的逆变器效率是指逆变器将输入的直流电能转换为交流电能在不同功率段下的加权平均效率。该系数一般取0.95~0.98,也可根据逆变器生产商提供的欧洲效率参数确定。

3.1.2 光伏阵列

光伏阵列是太阳能电池板的集合体,多个光伏组件通过电池串联或并联连接在一起,形成一个规则的矩阵结构,阵列的大小和形状可以根据光照条件和可用空间进行调整。

3.1.2.1 光伏电池

光伏电池是一种利用光伏效应将太阳能转化为电能的设备。光伏效应是指当光照射到半导体材料中时,光子能量被吸收,激发出电子-空穴对,从而产生电流,利用PN结的电势差将光能转化为电能。这种光伏效应的原理使得光伏电池成为一种可再生的、清洁的能源转换技术。

1. 等效电路

光伏电池直流等效电路如图3-1所示。图中 E 为光伏电池受到光照时产生的光生电动势;D 为表示一个理想二极管,相当于半导体P-N结;V 为负载 R_L 上的端电压;R_S 为串联电阻,包括电池栅线电极本身所具有的电阻、基体材料电阻、产生电子与空穴对时的横向电阻以及上、下电极与基体材料的接触电阻等,串联电阻总共不大于1Ω;R_{sh} 为并联电阻,I 是负载电流,包括P-N结内漏电阻、电池边沿漏电阻等旁路电阻,约为几千欧姆。

2. 理想特性曲线

光伏电池负载特性曲线如图3-2所示。

可以看出,曲线上任意一点都是太阳能光伏电池的工作点(Working Point),工作点和原点的连线都是负载线,当负载为阻性时,负载线为一直线,可以调节负载电阻 R 到某一个数值 R_m 时,在曲线上得到一点 M,M 点对应的工作电流 I_m 和工作电压 U_m 之乘积为最大,即

第3章 光伏电站设计

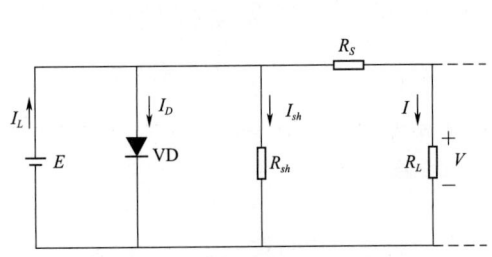

图 3-1 光伏电池直流等效电路

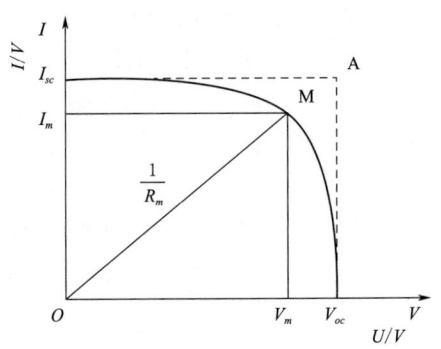

图 3-2 光伏电池负载特性曲线

$$P_m = U_m I_m \tag{3-6}$$

式中　I_m——最佳工作电流；

　　　U_m——最佳工作电压；

　　　P_m——最大输出功率。

M 点为该太阳能光伏电池的最佳工作点或最大功率点（Maximum PowerPoint，MPP）。

功率衰减曲线如图 3-3 所示。

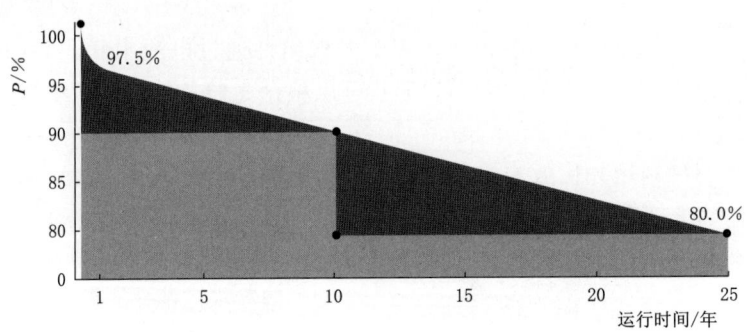

图 3-3 功率衰减曲线

首年衰减约 2.5%，功率输出达到 97.5%；次年后年均衰减约 0.7%，运行 25 年后功率输出达到 80.0%。

3. 数学模型

光伏电池提供电流的数学计算式为

$$I = I_L - I_0 \left\{ \exp\left[\frac{q(V+IR_S)}{AKT}\right] - 1 \right\} - \frac{V+IR_S}{R_{sh}} \tag{3-7}$$

式中　I_L——光电流，A；

　　　I_0——反向饱和电流，A；

　　　q——电子电荷，取 1.6×10^{-19} C；

　　　K——玻尔兹曼常数，为 1.38×10^{-23} J/K；

　　　T——绝对温度，K；

A——P-N 结理想因子；

R_s——串联电阻，Ω；

R_{sh}——并联电阻，Ω。

3.1.2.2 技术参数

1. 输出电压

输出电压是指将光伏电池置于 $100\mathrm{mW/cm^2}$ 的光源照射下，且光伏电池输出两端开路时所测得的输出电压值。

2. 开路电压 U_{oc}

开路电压 U_{oc} 是指正负极间为开路状态时的电压。开路电压与入射光辐照度的对数成正比，与环境温度成反比，与电池面积的大小无关。

3. 峰值电压

峰值电压也称作最大工作电压或最佳工作电压。峰值电压是指光伏电池片输出最大功率时的工作电压。组件的峰值电压随电池片串联数量的增减而变化。最大输出工作电压 U_{pm} 即输出功率最大时的工作电压。

4. 短路电流 I_{sc}

短路电流 I_{sc} 是指正负极间为短路状态时流过的电流，即将光伏电池在标准光源的照射下，在输出短路时流过光伏电池两端的电流。

5. 峰值电流 I_{pm}

峰值电流 I_{pm} 也称最大工作电流或最佳工作电流，是指光伏组件输出最大功率时的工作电流。

6. 峰值功率 $P_{\max}$

峰值功率 $P_{\max}$ 也称最大输出功率或最佳输出功率，是指光伏组件在正常工作或测试条件下的最大输出功率，即最大输出工作电压与最大输出工作电流的乘积。

最大输出功率 $P_{\max}$ = 最大输出工作电压 U_{pm} × 最大输出工作电流 I_{pm}

光伏组件的峰值功率条件为辐照度 $1000\mathrm{W/m^2}$、光谱 AM1.5、测试温度 25℃。

7. 转换效率

转换效率指在光照下的光伏电池所产生的最大输出电功率与入射到该电池受光几何面积上全部光辐射功率的百分比，即

$$\eta = \frac{P_{in}}{P_{\max}} = \frac{P_{in}}{U_{pm}I_{pm}} \tag{3-8}$$

式中　P_{in}——太阳能光入射功率，W；

$P_{\max}$——最大输出功率，W。

8. 填充因子

填充因子是指光伏组件的最大输出功率与开路电压和短路电流乘积的比值，即

$$FF = \frac{P_{\max}}{U_{oc}I_{sc}} = \frac{U_{pm}I_{pm}}{U_{oc}I_{sc}} \tag{3-9}$$

光伏组件的填充因子一般在 0.5～0.8 之间。

9. 额定工作温度 T_n

额定工作温度 T_n 是指太阳电阻组件在辐照度为 800W/m^2、环境温度 $20℃$、风速为 1m/s 的环境条件下，太阳电池的工作温度。

3.1.2.3 电池种类

1. 按结构分类

（1）同质结光伏电池：光伏电池在晶体硅硅片的正面或背面采用扩散法形成所述的以 P-N 结、PP-、PP+、NN- 或 NN+ 浓度结形成的同质结。

（2）异质结光伏电池：用型硅做衬底，采用氢化非晶硅或氢化微晶硅作为发射层和缓冲层的光伏电池。

2. 按材料分类

按材料分类，电池主要分为硅系光伏电池、多元化合物薄膜光伏电池、聚合物多层修饰电极型电池以及纳米晶化学光伏电池四大类。其中，硅系光伏电池又可分为单晶硅光伏电池、多晶硅薄膜光伏电池和非晶硅薄膜光伏电池；多元化合物薄膜光伏电池又可分为砷化镓Ⅲ-Ⅴ化合物电池、硫化镉电池和铜铟硒电池。

3.1.2.4 选型

1. 应用等级

（1）A级：A级光伏阵列是最高等级，通常表示高质量和高性能的光伏系统。这些系统在设计、材料选择、施工和性能方面都符合严格的标准和要求。A级光伏阵列通常具有较高的能量转换效率、稳定的发电能力和可靠的运行性能。公众可接近的、危险电压、危险功率条件下应用。

A级光伏组件可用于公众可能接触的、大于直流 50V 或 240W 以上的系统。

（2）B级：B级光伏阵列是中等等级，表示一般质量和性能的光伏系统。这些系统在设计、材料选择、施工和性能方面可能不如A级系统严格，但仍然具有较好的能量转换效率和稳定的发电能力。B级光伏阵列在一般应用场景中可以满足需求。限制接近的、危险电压、危险功率条件下应用。

B级光伏组件可用于以围栏、特定区划或其他措施限制公众接近的系统。

（3）C级：C级光伏阵列是最低等级，表示较低质量和性能的光伏系统。这些系统在设计、材料选择、施工和性能方面可能存在较大的不足，导致能量转换效率较低、发电能力不稳定或易受外界环境影响。C级光伏阵列的可靠性和寿命可能较低，需要更频繁地维护和修理。限定电压、限定功率条件下应用。

C级光伏组件只能用于公众有可能接触的、低于直流 50V 和 240W 的系统。

2. 耐火等级

耐火等级是一种用于评估材料和建筑结构防火性能的分类方式，分为A级耐火等级、B级耐火等级、C级耐火等级。

（1）A级耐火等级：A级耐火等级是最高等级，表示具有最高的防火性能。这些材料或建筑结构能够在火灾中长时间保持结构的完整性和稳定性，有效地阻止火势蔓延，并提供良好的防火隔离和防烟功能。A级耐火材料通常采用非可燃材料或具有良好的阻燃性能的材料。

（2）B级耐火等级：B级耐火等级是中等等级，表示具有一定的防火性能。这些材料或建筑结构在火灾中能够一定程度上保持结构的完整性和稳定性，延缓火势蔓延的速度，并提供一定的防火隔离和防烟功能。B级耐火材料通常采用具有一定阻燃性能的材料。

（3）C级耐火等级：C级耐火等级是最低等级，表示具有较低的防火性能。这些材料或建筑结构在火灾中的防火性能较差，无法有效地保持结构的完整性和稳定性，火势蔓延速度较快，并且提供的防火隔离和防烟功能有限。C级耐火材料通常是可燃材料或具有较差阻燃性能的材料。

需要注意的是，A级耐火等级、B级耐火等级、C级耐火等级的具体标准和要求可能因国家、地区或行业而异。在选择材料或建筑结构时，建议参考相关标准和认证机构的要求，选择符合要求的具有良好防火性能的材料或建筑结构，以确保人员和财产的安全。

3. 特性

光伏电池的特性见表3-2。光伏电池的技术性能比较见表3-3。

表3-2 光伏电池的特性

光伏组件类型		颜色	透光率/%	背板材料	备注
晶体硅	单晶硅	黑色（均匀）	不透光，当为夹层玻璃光伏组件时可以透光	TPT/钢化玻璃	对光线要求高，受光影遮挡后发电效率大幅下降
	多晶硅	蓝色（晶体纹）	不透光，当为夹层玻璃光伏组件时可以透光	TPT/钢化玻璃	透光率通过调整晶硅片之间的间距来进行调整
非晶硅		深棕色（均匀）	透光率：0～50		对光线要求低，受光影遮挡后发电效率下降少
薄膜		蓝色（晶体状）	根据需要制作成不同的透光率	不锈钢聚合物	弱光性好，适用于建筑屋顶，效率低，稳定性差

表3-3 光伏电池的技术性能比较

项目	单晶硅	多晶硅	非晶硅薄膜	比较结果
技术成熟性	经50多年的发展，技术已达成熟阶段	20世纪70年代末研制成功了铸锭多晶硅技术	20世纪70年代末研制成功，技术日趋成熟	多晶硅、单晶硅技术都比较成熟，产品性能稳定
光电转换效率	13%～18%	12%～16%	8%～10%	单晶硅最高、多晶硅次之、非晶硅薄膜最低
价格	高	低	最低	非晶硅薄膜价格低于多晶硅，多晶硅价格低于单晶硅
环境适应性	输出功率与光照强度成正比，在高温条件下效率发挥不充分	弱光效应好，充电效率高，高温性能好，受温度的影响比晶体硅光伏电池要小		晶体硅电池输出功率与光照强度成正比，比较适合光照强度高的沙漠地区
运行维护	组件故障率低，自身免维护	柔性组件表面易积灰，且难于清理		晶体硅光伏组件运行维护最为简单
寿命	寿命期长，可保证25年	衰减较快，使用寿命为10～15年		晶体硅光伏组件使用寿命最长
外观	黑色、蓝黑色	不规则深蓝色，可作表面弱光着色处理	深蓝色	多晶硅外观效果好，利于建筑立面色彩丰富

4．外观要求

(1) 开裂、弯曲、不规整或损伤的外表面。

(2) 破碎的单体电池。

(3) 有裂纹的单体电池。

(4) 互联线或接头不良。

(5) 电池互相接触或与边框相接触。

(6) 密封材料失效。

(7) 在组件的边框和电池之间形成连续通道的气泡或脱层：

1) 在塑料材料表面有粘污物。

2) 引线端失效，带电部件外露。

3) 可能影响组件性能的其他任何情况。

5．核心指标

(1) 玻璃-EVA剥离强度：20N/cm。

(2) 电池电极及背场的剥离强度。

(3) TPT-电池的剥离强度：20N/cm。

(4) TPT层间剥离强度：4N/cm。

(5) 铝边框的强度。

(6) 承压：5400Pa。

3.1.3 直流汇流系统

3.1.3.1 接线盒

光伏组件接线盒晶体类型、安装位置等分类，一般可分为晶体硅接线盒、非晶硅接线盒、幕墙接线盒、防爆接线盒等。

1．结构

(1) 盒体包括盒底（含铜接线柱或塑料接线柱）、盒盖、二极管。

(2) 电缆线分为 $1.5mm^2$、$2.5mm^2$、$4mm^2$ 及 $6mm^2$ 等常用线缆。

(3) 连接器分为MC3与MC4。

(4) 二极管型号分为10A10、10SQ050、12SQ045、PV1545、PV1645、SR20200等。

(5) 二极管封装有两种：R-6，SR263。

接线盒如图3-4所示。

2．技术指标

最大工作电流：16A。

最大耐压：1000V。

使用温度：-40～+90℃。

最大工作湿度：5%～95%（无凝结）。

防水等级：IP65。

电缆线规格：$4mm^2$。

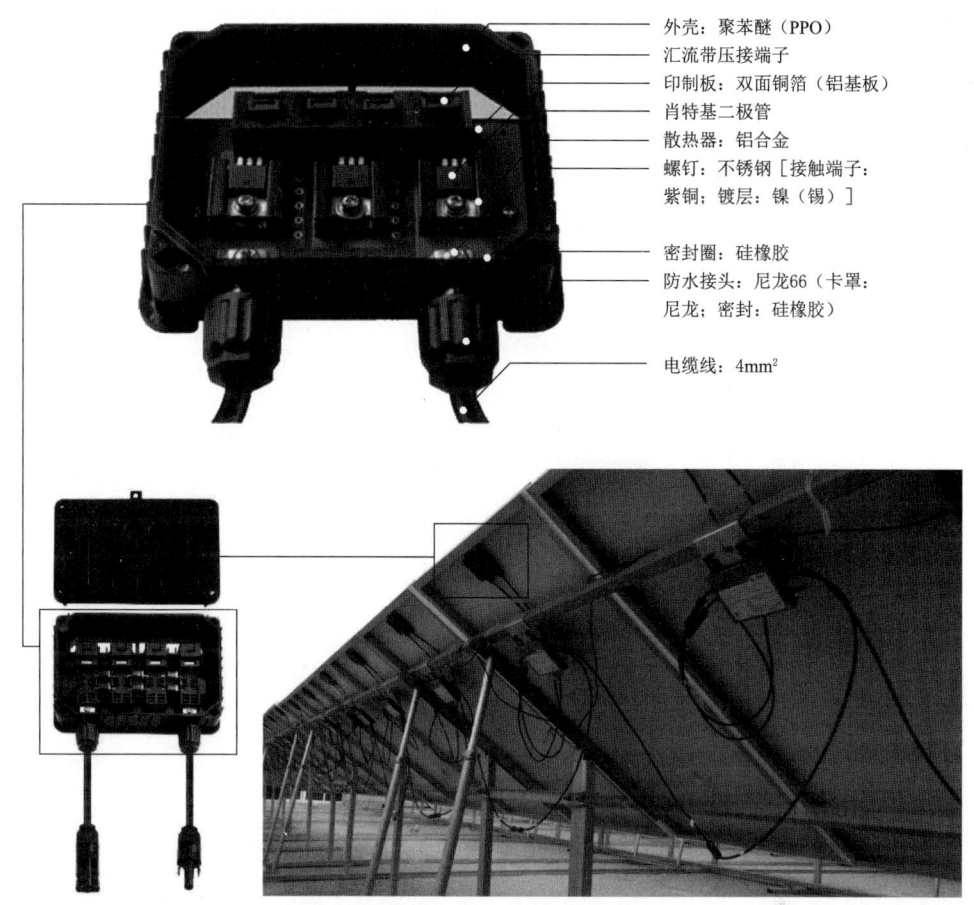

图 3-4 接线盒

3. 标准条件

光伏接线盒的功率是在温度 25℃，AM1.5，1000W/m² 标准条件下测出，一般用 W_p 或 W 表示。在这个标准下测试出来的功率称为标称功率。

4. 选用

选择太阳能光伏接线盒时，可以考虑以下几个原则：

（1）防水防尘性能。光伏接线盒通常需要安装在户外环境中，因此防水防尘性能非常重要。选择具有良好密封性能和防水防尘等级的接线盒，以确保系统的安全和可靠性。

（2）耐高温性能。光伏系统在工作时会产生一定的热量，因此接线盒需要具备良好的耐高温性能，以防止温度过高造成接线盒损坏或引发安全隐患。

（3）容量和安全性。根据系统的电流和电压要求，选择适当容量的接线盒，以确保能够安全地承载系统的电流和电压。此外，接线盒应具备过载保护和短路保护等安全功能，以防止电流过大或发生故障时引发安全问题。

（4）耐腐蚀性能。由于光伏系统通常长期暴露在户外环境中，接线盒需要具备良好的耐腐蚀性能，以防止因腐蚀而导致接线盒损坏或影响系统性能。

（5）安装和维护便利性。选择安装和维护便利的接线盒，以减少安装和维护过程中的工作量和时间。一些接线盒还提供了便捷的接线方式和标识，使安装和维护更加简单和清晰。

3.1.3.2 汇流箱

汇流箱是将光伏电池组件连接，实现光伏电池组件间并联的箱体，并将必要的保护器件安装在此箱体内。

1. 作用

对于大型光伏并网发电系统，为了减少光伏组件与逆变器之间的连接线，方便维护，提高可靠性，一般需要在光伏组件与逆变器之间增加直流汇流装置。汇流箱如图3-5所示。

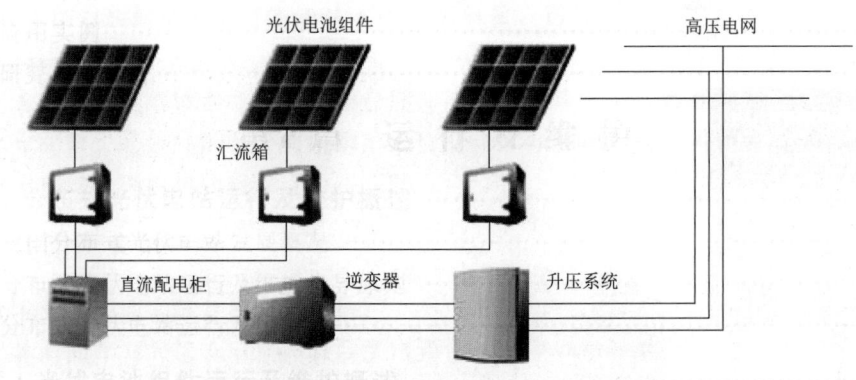

图3-5 汇流箱

汇流箱是指用户可以将一定数量、规格相同的光伏电池组件串联起来，组成一个个光伏串列，然后再将若干个光伏串列并联接入汇流箱，在汇流箱内汇流后，通过控制器、直流配电柜、逆变器、交流配电柜配套使用从而构成完整的光伏发电系统，实现与市电并网。

2. 组成

汇流箱结构如图3-6所示。

3. 结构

汇流箱柜体采用高素质的冷轧钢板，表面采用静电喷涂，柜体的全部金属结构件都经过特殊防腐处理。

汇流箱柜体具有足够的机械强度，保证元器件安装后及操作时无摇晃、不变形，通过抗震试验、摇摆试验和内部燃弧试验。汇流箱采用封闭式结构，柜门开启灵活、方便。柜内合理布置线槽，强电、弱电分开走线槽，控制信号线单独走线槽。

图3-6 汇流箱结构

1—直流正极汇流输出；2—直流负极汇流输出；
3—接地端子；4—通信电源端子与通信RS485
端子；5—直流正极熔断器座与熔断器；6—直流
负极熔断器座与熔断器；7—通信计量板；
8—浪涌保护器；9—直流断路器

4. 特点

汇流箱具有以下特点：

(1) 满足室外安装的使用要求。

(2) 同时可接入多路光伏阵列，每路配有熔断器（可更换其他等级）。

(3) 配有光伏专用浪涌保护器，正极、负极都具备防雷功能。

(4) 采用正极、负极分别串联的四极断路器提高直流耐压值。

(5) 对输入阵列进行电流监控、显示及通过RS485方式输出电流值。

(6) 对汇流后电压进行监控、显示及通过RS485方式输出电压值。

5. 环境条件

(1) 使用环境。

1) 使用环境温度：$-25 \sim +55$℃（无阳光直射）；相对湿度≤95%，无凝露。

2) 污染等级≤3。

3) 海拔高度≤2000.00m。

4) 无剧烈震动冲击，垂直倾斜度≤5°。

(2) 温度环境。温度环境是指物体所处的周围环境的温度。它是一个外部参数，用来描述物体所处的热平衡状态。

低温、高温、恒定湿热。

(3) 温升。温升是指物体温度相对于初始温度的增加量。它是一个内部参数，用来描述物体内部的热量变化。

6. 保护功能

(1) 组串过电流保护。依据安装实际设定组串过电流保护，未装过电流保护装置的汇流箱，光伏组件反向电流额定值I_r应不小于1.25倍的I_{sc}（STC）；装有过电流保护装置（如熔断器）的汇流箱，组串过电流保护装置应不小于1.25倍的I_{sc}（STC）。其中，装有电流保护装置时：

1) 光伏电池串的熔断器A，额定电流I_r≥$1.56I_{sc}$（I_{sc}为PV串的短路电流）。

2) PV阵列的熔断器B，电流$1.56I_{sc}$计算值以下的最大额定电流。

3) 有隔离二极管的汇流箱，隔离二极管的反向电压应不低于V_{oc}（STC）的2倍。

(2) 防雷浪涌保护：汇流箱输出端应配置浪涌保护器，正极、负极都应具备防雷功能，其主要性能指标为最大持续工作电压V_c（>$1.3V_{oc}$）、最大放电电流I_{max}（8/20s）（≥40kA）、标称放电电流I_n（8/20s）（≥20kA）、电压保护水平（V_p）等。浪涌保护器应具有脱离器和故障指示功能。电压保护水平见表3-4，浪涌试验等级见表3-5。

表3-4　　　　　　　　电　压　保　护　水　平

额定直流电压V_N/V	电压保护水平/kV	额定直流电压V_N/V	电压保护水平/kV
V_N≤60	<1.1	400<V_N≤690	<3.0
60<V_N≤250	<1.5	690<V_N≤1000	<4.0
250<V_N≤400	<2.5		

7. 其他功能

汇流箱除保护功能外还具有：

表 3-5　　　　　　　　　　浪 涌 试 验 等 级

等级	开路试验电压±10%/kV	备　注
1	0.5	
2	1.0	线-线
3	2.0	线-地
4	4.0	
X	特别要求	参考产品规格书等级要求

(1) 通信功能。

(2) 显示功能。

(3) 外壳防护等级。

8. 安全

(1) 绝缘耐压。绝缘耐压主要受以下指标影响：

1) 绝缘电阻。绝缘电阻不小于 $1000\Omega/V$。

2) 绝缘强度。

(2) 电气间隙和爬电距离。电气间隙和爬电距离见表 3-6。

(3) 接地要求。接地电路中的任何一点到接地端子之间的电阻应不超过 0.02Ω。在提供机械防护的情况下，接地导线的截面积应不小于 $2.5mm^2$；无机械防护的情况下，应不小于 $4mm^2$。接地导线截面积见表 3-7。

表 3-6　电气间隙和爬电距离

额定直流电压 V_N/V	最小电气间隙 /mm	最小爬电距离 /mm
$V_N \leq 250$	6	10
$250 < V_N \leq 690$	8	16
$690 < V_N \leq 1000$	14	25

表 3-7　接地导线截面积

导线的截面积 S/mm^2	接地导线的截面积 $/mm^2$
$S \leq 16$	
$16 < S \leq 35$	16
$35 < S$	12

9. 选择

汇流箱在选择时应注意以下几点：

(1) 耐压。直流断路器至少耐受 1000V，可以选择 1500V。

(2) 直流断路器。正极、负极分别串联的四极断路器提高直流耐压值。

(3) 熔断器。最小熔断器额定值需要满足 $1.56I_{sc}$。

(4) 防反二极管。防反二极管的选型指标包括：

1) 短路电流，正向电流大于电池短路电流的 1.25 倍。

2) 开路电压，反向击穿电压大于电池开路电压。

3) 结温，大于等于在 1.25 倍短路电流下的二极管温度。

4) 二极管封装，根据盒体容积选择不同二极管的封装模式。

10. 安装接线

安装接线主要包括以下内容：

(1) 安装。
(2) 外接线端子。
(3) 输入接线。
(4) 输出接线。
(5) 通信接线。

3.1.3.3 配电柜

配电装置是电厂与变电所的重要组成部分，是电气主接线的具体实现。配电装置是根据电气主接线的连接方式，由开关设备、保护设备、测量设备、母线以及必要的辅助设备组成（包括安装布置电气设备的构架、基础、房屋和通道等）。

带本地负荷的分布式光伏发电厂，可能设置有交流配电装置（单相AC220V 三相AC380V）、经逆变、升高电压后的高电压（三相AC10kV及AC35kV）配电装置及厂用电配电装置。

通常情况下，电压为0.38～10kV的配电装置建在屋内，称为屋内配电装置。电压为35kV的配电装置一般建于屋外，称为屋外配电装置。但当周围有化工厂、水泥厂、盐湖及在海岸附近产生的含有酸、碱、盐的气体和粉尘等时，也可以将35kV电压等级的配电装置建于屋内。

1. 直流配电柜

太阳能光伏系统直流配电柜包含直流断路器、防雷器、电流表等，提供直流输入/输出接口，主要是将光伏组件输入的直流电源进行汇流后接入逆变器或直接供给其他直流负载（如蓄电池、充电电源等），可以根据客户的需要配置智能型监控单元，对所有汇流回路的电压、电流进行检测，方便系统管理，用来实现汇流箱与光伏逆变器之间的连接，并提供防雷及过流保护、监测光伏阵列的单串电流、电压、直流防雷模块状态及断路器状态，尽可能实现直流配电柜的长时间安全、稳定运行。直流配电柜结构如图3-7所示。

2. 交流配电柜

交流配电柜主要是通过配电给逆变器提供并网接口，该配电柜含网侧断路器、浪涌保护器，配置发电计量表、逆变器并网接口及交流电压电流表等装置。交流配电柜如图3-8所示。

3.1.4 逆变器选择

3.1.4.1 功能

1. 自动运行和停机功能

(1) 自动运行。早晨日出后，太阳辐射强度逐渐增强，光伏电池的输出也随之增大，当达到逆变器工作所需的输出功率后，逆变器即自动开始运行。

(2) 运行。运行后，逆变器时刻监视光伏电池组件的输出，只要光伏电池组件的输出功率大于逆变器工作所需的输出功率，逆变器就持续运行，直至日落停机，即使阴雨天逆变器也能运行。

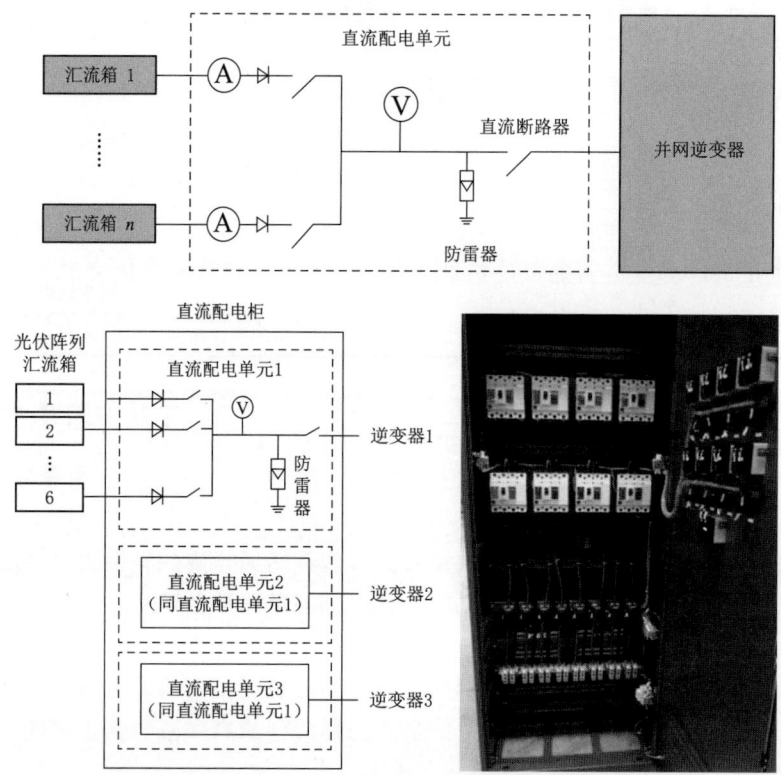

图 3-7 直流配电柜结构

图 3-8 交流配电柜

(3) 停机。当光伏电池组件输出变小,逆变器输出接近 0 时,逆变器便形成待机状态。

逆变器功能模块如图 3-9 所示。

2. 最大功率跟踪（MPPT）控制功能

(1) 最大功率最佳工作点。光伏电池组件的输出是随太阳辐射强度和光伏电池组件自身温度（芯片温度）而变化的。由于光伏电池组件具有电压随电流增大而下降的特性,所以存在能获取最大功率的最佳工作点。

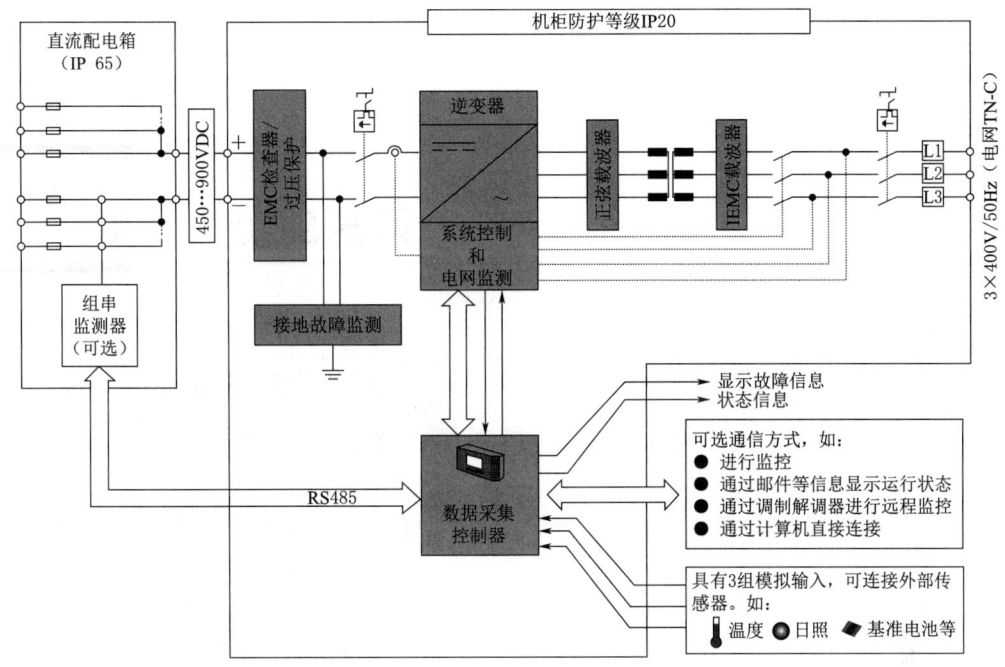

图 3-9 逆变器功能模块

(2) 最大功率跟踪控制。太阳辐射强度是变化的，最佳工作点也是在变化的。相对于太阳辐射强度的变化，始终让光伏电池组件的工作点处于最大功率点，系统始终从光伏电池组件获取最大功率输出，即为最大功率跟踪控制。

(3) 光伏电池的特性曲线。当负载特性与光伏电池阵列特性的交点在阵列最大功率点相应电压 U_m 的左侧时，MPPT 的作用是使交点处的电压升高；而当交点在阵列最大功率点相应电压 U_m 的右侧时，MPPT 的作用是使交点处的电压下降。

最大功率跟踪控制如图 3-10 所示。

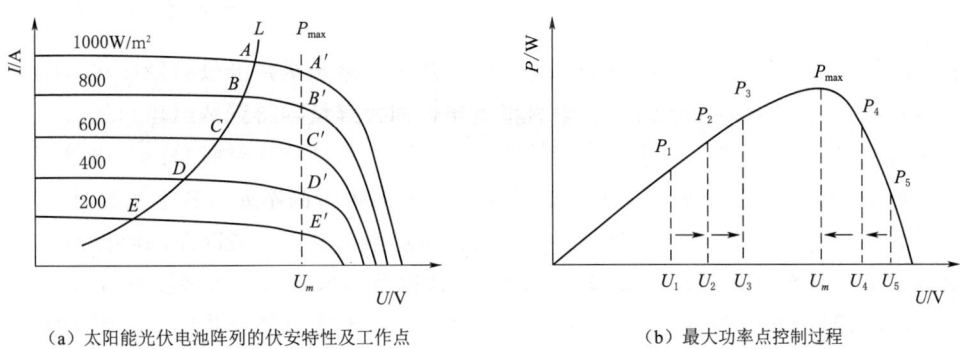

(a) 太阳能光伏电池阵列的伏安特性及工作点　　(b) 最大功率点控制过程

图 3-10 最大功率跟踪控制

太阳能光伏电池阵列伏安特性及 MPPT 如图 3-11 所示。

3. 低电压穿越（LVRT）功能

(1) 低电压穿越。为了防止光伏电站因电网发生故障导致电压跌落时引起整个电网崩

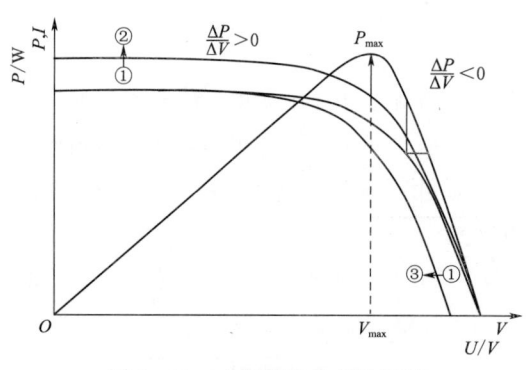

图 3-11 太阳能光伏电池阵列伏安特性及 MPPT

溃，导致大面积停电，国家能源局、国家电网公司要求，并网发电的光伏逆变器都必须具备低电压穿越功能，以确保电网稳定运行，否则不能并网。

低电压穿越，即在电网因故障发生短路，导致电压跌落时，光伏并网逆变器可以保持不脱网，甚至向电网注入一定的无功功率，帮助电网恢复，提供动态电压支撑，穿越短路故障时，保障电网稳定正常地运行。

(2) 基于储能设备的低电压穿越实现解决方案。电网未发生故障时，电网给超级电容器充电；电网发生故障时，超级电容器放电给并网点注入能量，提供并网点的支撑电压，使光伏设备并网工作继续正常进行。基于储能设备的解决方案如图 3-12 所示。

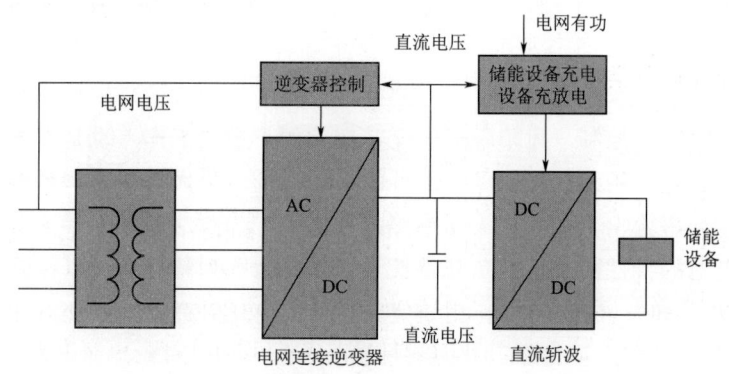

图 3-12 基于储能设备的解决方案

(3) 基于无功补偿设备的低电压穿越实现解决方案。电网侧发生瞬时故障时，光伏电站本身不能提供瞬间的电压支撑，动态无功补偿装置可显著提高光伏电站各母线电压，增强光伏电站的低电压穿越能力。

4. 孤岛监测功能

一个性能完善的光伏并网发电系统，需要各种保护措施保证用户的人身安全，同时防止设备因意外而造成的损坏。由于光伏发电系统和电网并联工作，因此光伏发电系统需能及时监测出电网故障并切断其与电网的连接。如果不能及时发现电网故障，就会出现光伏发电系统仍向局部电网供电的情形，从而使本地负载仍处于供电状态，造成设备损坏和人员伤亡，这种现象被称为孤岛效应。

监测孤岛效应的方法有被动式检测方法和主动式检测方法。孤岛效应示意图如图 3-13 所示。

3.1.4.2 分类

(1) 按输出交流相位数分类可分为单相逆变器、三相逆变器、多相逆变器。

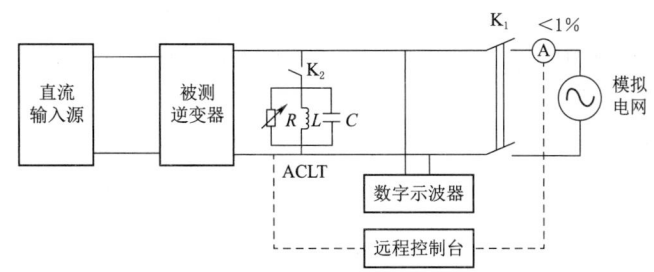

(a)防孤岛效应保护试验平台工作示意图

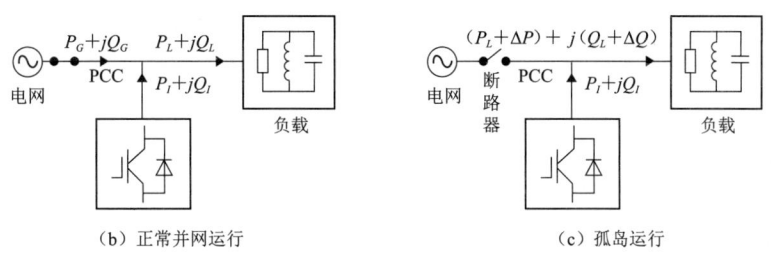

(b)正常并网运行　　　　　　　　(c)孤岛运行

图 3-13　孤岛效应示意图

(2) 按安装环境分类可分为户内型、户外型。

(3) 按可实现的功率流向分类可分为可逆流型、不可逆流型。

(4) 按电气隔离情况分类可分为隔离型、非隔离型。

(5) 按照可接入电网电压等级分类可分为低压型（≤1kV）、中高压型（>1kV）。

(6) 按电磁辐射的限值分类可分为：

1) A型逆变器：指非家用和不直接连接到低压供电网的所有设施中使用的逆变器。

2) B型逆变器：包括家庭在内的所有场合，以及直接与低压供电网连接的设施。

(7) 按输出相数分类可分为：

1) 单相逆变器单元：

0.5kW、1.5kW、2.5kW、3kW、5kW、6kW、7kW、8kW、9kW。

2) 三相逆变器单元：

10kW、30kW、50kW、100kW、250kW、500kW、1000kW。

(8) 按应用范围分类可分为普通型逆变器、逆变/充电一体机、专用逆变器。

(9) 按应用场合分类可分为：

1) 电站型逆变器。30~1000kW，主要应用于大型商业屋顶、工业厂房和大型地面光伏电站。

2) 组串型逆变器。1~30kW 时，主要应用于住宅型屋顶和一些小型商业屋顶；200~500W 时，主要应用在幕墙、窗台、小型屋顶上面。

3) 微逆变器。≤350W。

3.1.4.3　电路

1. 电路结构

光伏并网系统电路结构如图 3-14 所示。

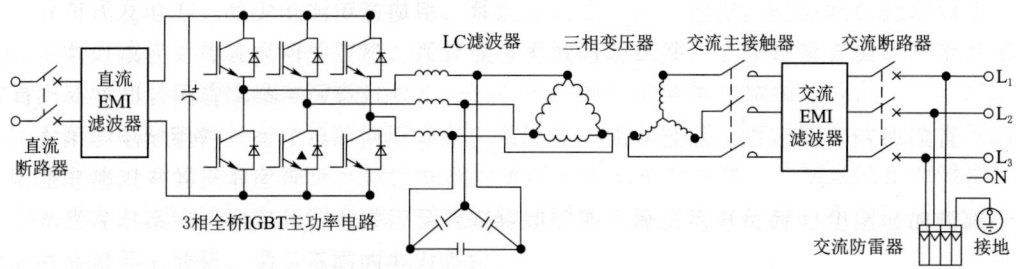

图3-14 光伏并网系统电路结构

MPPT控制如图3-15所示。

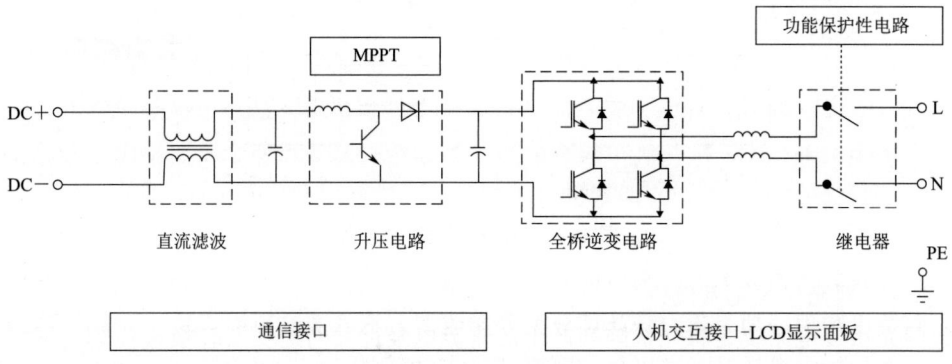

图3-15 MPPT控制

2. 三相逆变器电路

三相逆变器电路如图3-16所示。

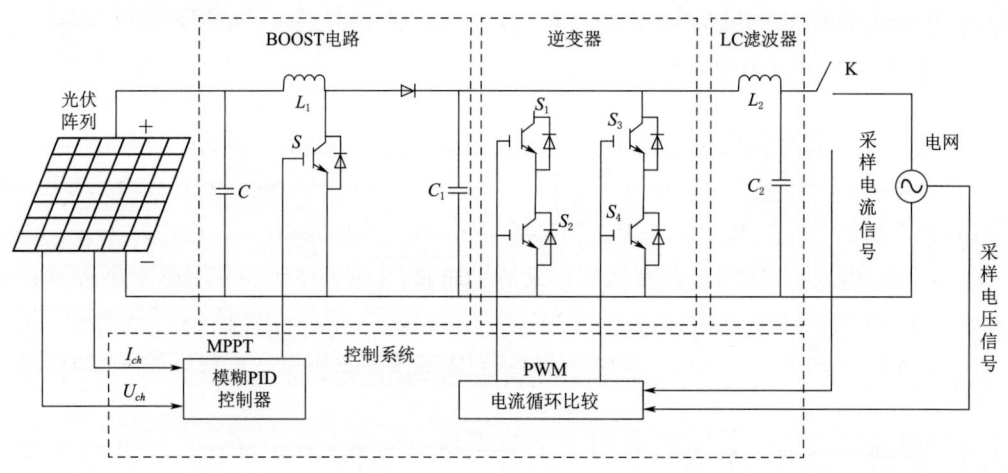

图3-16 三相逆变器电路

3.1.4.4 使用条件

1. 环境条件

（1）使用环境温度：户内型为-20～+40℃，户外型为-25～+60℃（无阳光直射）；

相对湿度不大于90%,无凝露。

(2) 海拔高度不大于1000.00m;当海拔高度大于1000.00m时,应按规定降额使用。

(3) 无剧烈振动冲击,垂直倾斜度≤5°。

(4) 工作环境应无导电爆炸尘埃、无腐蚀金属和破坏绝缘的气体和蒸汽。

2. 电网条件

(1) 公用电网谐波电压。电压总谐波畸变率不大于5%,奇次谐波电压含有率不大于4%,偶次谐波电压含有率不大于2%。

(2) 三相电压不平衡度。允许值为2%,短时不大于4%。

(3) 交流输出端口。20kV及以下三相电压的允许偏差为额定电压的10%,220V单相电压的允许偏差为额定电压的-15%~+10%。

(4) 公用电网的频率。频率偏差不超过0.5Hz。

3.1.4.5 技术参数

1. 额定参数

逆变器额定技术参数定义和应用见表3-8。

表3-8   逆变器额定技术参数定义和应用

参数	定 义	要 求
额定输出电压	在规定的输入直流电压允许的波动范围内,逆变器应能输出的电压值	(1) 在稳态运行时,电压波动范围应有一个限定,例如,其偏差为额定值的-3%~+3%或-5%~+5% (2) 在负载突变(额定负载0→50%→100%)或有其他干扰因素影响的动态情况下,其输出电压偏差应为额定值的-8%~+8%或-10%~+10%
额定输出频率	逆变器输出交流电压的频率应是一个相对稳定的值,通常为工频50Hz	正常工作条件下其偏差应在-1%~+1%
负载功率因数	表征逆变器带感性负载或容性负载的能力	在正弦波条件下,负载功率因数为0.7~0.9(滞后),额定值为0.9
额定输出电流	表示在规定的负载功率因数范围内逆变器的额定输出电流	
额定输出功率	逆变器的额定功率是当输出功率因数为1(即纯阻性负载)时,额定输出电压与额定输出电流的乘积	当逆变器的负载不是纯阻性时,也就是功率因数小于1时,逆变器的有功负载能力将小于所给出的额定输出功率值。有些逆变器产品给出的是额定输出功率,其单位以VA或kVA表示
额定输出效率	逆变器的效率是在规定的工作条件下,其输出功率与输入功率之比,以百分数(%)表示	逆变器在额定输出功率下的效率为满负荷效率,在10%额定输出容量的效率为低负荷效率
整机效率	表征逆变器自身功率损耗的大小,通常以百分数(%)表示	容量较大的逆变器还应给出满负荷效率值和低负荷效率值。逆变器效率的高低对光伏发电系统提高有效发电量和降低发电成本有重要影响

2. 转换效率

转换效率是指在规定的测量周期时间 T_M 内,交流端口输出的能量与在直流端口输入能量比,即

$$\eta_{conv} = \frac{\int_0^{T_M} P_{AC}(t)\mathrm{d}t}{\int_0^{T_M} P_{DC}(t)\mathrm{d}t} \tag{3-10}$$

式中　$P_{AC}(t)$——逆变器在交流端口输出功率的瞬时值,kW;

$P_{DC}(t)$——逆变器在直流端口输入功率的瞬时值,kW。

无变压器型逆变器最大转换效率应不低于 96%,含变压器型逆变器最大转换效率应不低于 94%。

3. 总效率

总效率是指在规定的测量周期时间 T_M 内,逆变器在交流端口输出的能量与理论上 PV 模拟器在该段时间内提供的电能的比值。

逆变器的输出功率不小于额定功率的 75% 时,效率应不小于 80%。

逆变器的最高效率为 98.6%,欧洲效率为 97.5%,MPPT 效率达 99.9%。

4. 并网电流谐波

逆变器应具有滤除自身谐波的功能。

5. 功率因数

输出功率大于其额定功率的 50% 时,功率因数应不小于 0.98（超前或滞后）,20%~50% 时,功率因数应不小于 0.95（超前或滞后）。

$$\cos\varphi = \frac{P_{out}}{\sqrt{P_{out}^2 + Q_{out}^2}} \tag{3-11}$$

式中　P_{out}——逆变器输出总有功功率;

Q_{out}——逆变器输出总无功功率。

6. 输出电压稳定度

电压调整率应不大于 ±3%,负载调整率应不大于 ±6%。

7. 直流分量

直流分量不超过其输出电流额定值的 0.5% 或 5mA,取二者中较大值。

8 电压不平衡度

公共连接点的负序电压不平衡度应不超过 2%,短时不得超过 4%；逆变器引起的负序电压不平衡度不超过 1.3%,短时不超过 2.6%。

9. 噪声

正常运行时噪声应不超过 80dB,小型逆变器的噪声应不超过 65dB。

3.1.4.6　选型

1. 选型要点

(1) 逆变效率。

(2) MPPT 的电压范围。

(3) MPPT 的跟踪组数。

(4) 最大直流电压。

(5) 海拔高度。

(6) 工作温度。

2. 技术参数

额定输出功率、额定输出电压等。

3. 类型

集中、集成、组串、组件等方式选择。

4. 功率

串并联设计的容量匹配选择。

5. 抗容性和感性负载冲击的能力

对一般电感性负载，在启动时，其瞬时功率可能是其额定功率的5～6倍。

6. 过载能力

(1) 当输入电压与输出功率为额定值，环境温度为25℃时，逆变器连续可靠工作时间应不低于4h。

(2) 当输入电压为额定值，输出功率为额定值的1.25倍时，逆变器安全工作时间应不低于1min。

(3) 当输入电压为额定值，输出功率为额定值的1.5倍时，逆变器安全工作时间应不低于10s。

3.1.5 电缆

3.1.5.1 光伏直流电缆

1. 结构

(1) 导体截面规格：$1.5mm^2$、$2.5mm^2$、$4mm^2$、$6mm^2$、$10mm^2$、$16mm^2$、$25mm^2$、$35mm^2$。

(2) 隔离层：无卤材料。

(3) 绝缘：交联低烟无卤阻燃聚烯烃。

(4) 护套：应为交联低烟无卤阻燃聚烯烃。

(5) 外径：外径的平均值应在生产商规定的范围内。

(6) 多芯结构：在多芯结构中每一个单芯电缆都应符合技术要求；在多芯结构中每一个附加元器件都应符合技术要求。

光伏直流电缆结构如图3-17所示。

2. 特性

(1) 额定电压。

1) AC：$V_0/V = 0.6/1.0kV$。

2) DC：1.8kV。

(2) 温度范围。

1) 环境温度：$-40 \sim +90℃$；

2) 导体最高工作温度：120℃；

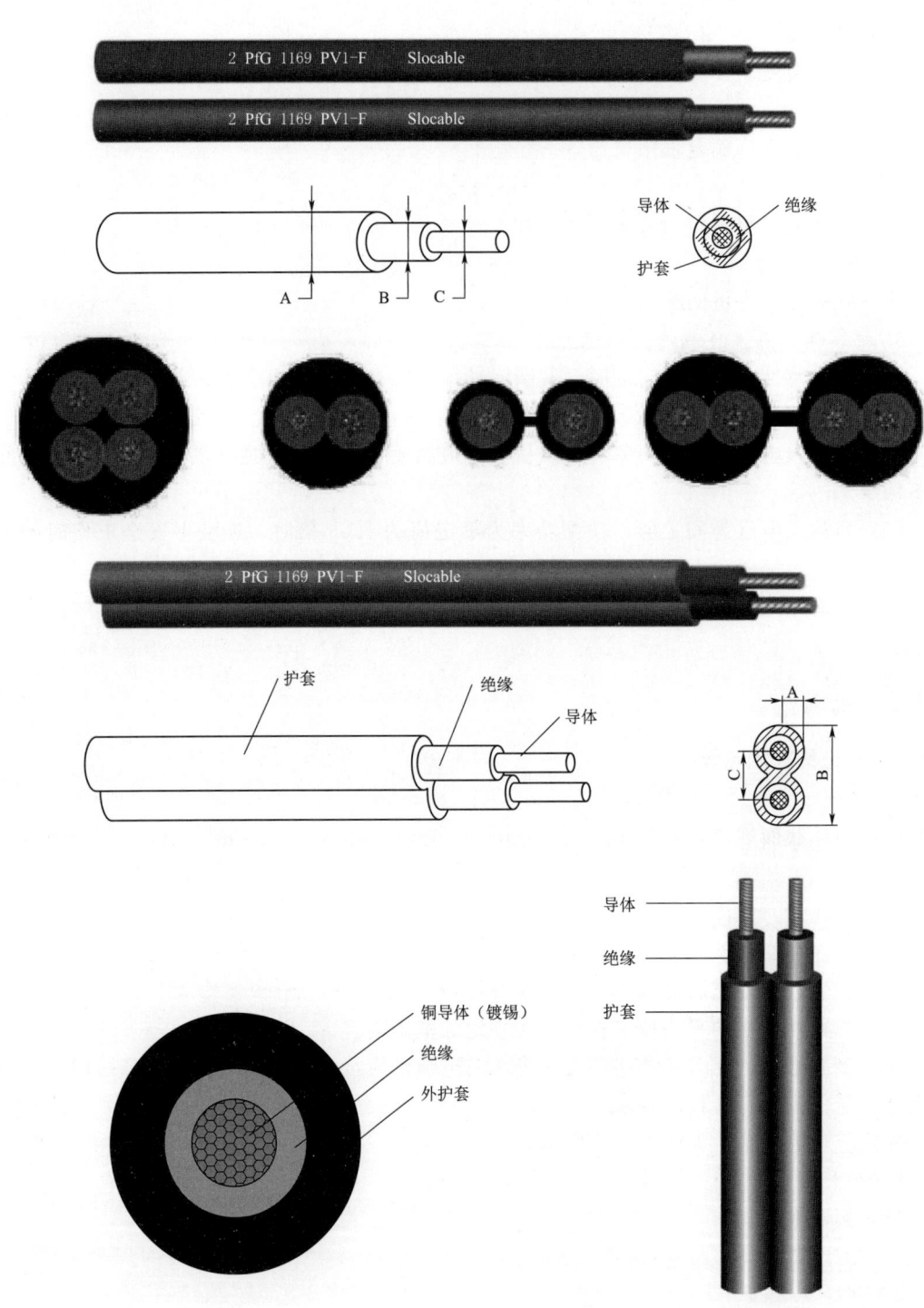

图 3-17 光伏直流电缆结构

3) 电缆运行环境温度：最高温度为 90℃。
(3) 载流量。
电缆载流量见表 3-9。

表 3-9　　　　　电　缆　载　流　量

标称截面积/mm²	载流量/A		
	单芯电缆空气中自由敷设	单芯电缆敷设在设备表面	在设备表面相邻敷设
1.5	30	29	24
2.5	41	39	33
4	55	52	44
6	70	67	57
10	98	93	79
16	132	125	107
25	176	167	142
35	218	207	176

注：环境温度：60℃，导体最高工作温度：120℃。

载流量换算因子见表 3-10。

表 3-10　　　　　载　流　量　换　算　因　子

环境温度/℃	换算因子	环境温度/℃	换算因子
≤60	1.00	90	0.71
70	0.91	100	0.58
80	0.82	110	0.41

3. 技术参数
(1) 导体截面规格：$1.5mm^2$、$2.5mm^2$、$4mm^2$、$6mm^2$、$10mm^2$、$16mm^2$。
(2) 工作温度：$-40\sim+90℃$。
(3) 弯曲半径：$\leq 5D$。
(4) 短路温度：短路时（最长持续的时间不超过 5s）导体最高温度不超过 250℃。
(5) 特性：具有优异的耐酸碱性和耐湿热性。

4. 选型
(1) 考虑因素。
1) 绝缘性能。
2) 耐热阻燃性能。
3) 防潮，防光。
4) 埋设方式。
5) 缆芯类型（铜芯、铝芯）。
6) 大小规格。
(2) 连接部位。

1) 组件与组件之间的连接：电缆截面积 2.5mm²、4mm²、6mm²。电缆使用双层绝缘外皮。

2) 方阵内部与方阵之间的连接：可以露天或者埋在地下，要求防潮、防暴晒。建议穿管安装，导管须耐热 90℃。

3) 蓄电池与逆变器之间的连接（独立系统或混合系统）：选择短而粗的电缆。

4) 电池方阵与控制器或直流接线箱之间的连接电缆。多股软线截面积规格根据方阵输出的最大电流而定。

5) 室内接线（环境干燥）：可以使用较短的直流连线。

（3）截面积。

1) 光伏电池组件与组件之间的连接电缆、蓄电池与蓄电池之间的连接电缆、交流负载的连接电缆，一般选取的电缆额定电流为各电缆中最大连续工作电流的 1.25 倍。

2) 光伏电池方阵与方阵之间的连接电缆、蓄电池（组）与逆变器之间的连接电缆，一般选取的电缆额定电流为各电缆中最大连续工作电流的 1.56 倍。

3) 考虑温度对电缆性能的影响。

（4）电压降。考虑电压降不要超过 2%。

（5）应用条件。

1) 载流量：直径为 2.5mm、4mm、6mm。

2) 电压：要求额定电压为 600V，最高耐压为 1000V。

3) 耐气候要求：可抵御恶劣气候环境和经受机械冲击；具备良好的抗臭氧和耐紫外线、耐酸碱、耐高温、耐严寒、耐凹痕、无卤、阻燃等特性。

一般选用双护套交联电缆。

4) 抗机械拉力。

3.1.5.2 交流电缆

交流电缆基本结构如图 3-18 所示。

交流电缆型号与使用范围见表 3-11。

图 3-18 交流电缆基本结构
1—导体；2—绝缘；
3—屏蔽层；4—外护层

表 3-11　　　　　交流电缆型号与使用范围

型　号	名　称	使用范围
VV VLV	聚氯乙烯绝缘、聚氯乙烯护套电力电缆	敷设在室内、隧道及管道中，电缆不能承受机械外力作用
VY VLY	聚乙烯护套电力电缆	敷设在室内、隧道及管道中，电缆不能承受机械外力作用
VV22 VLV22 VV23 VLV23	聚氯乙烯绝缘、聚氯乙烯、聚乙烯护套、钢带铠装电力电缆	敷设在室内、隧道内直埋土壤，电缆能承受机械外力作用
VV32 VLV32 VV33 VLV33 VV42 VLV42 VV43 VLV43	聚氯乙烯绝缘、聚氯乙烯、聚乙烯护套、套钢丝铠装电力电缆	敷设在高落差地区，电缆能承受机械外力作用及相当的拉力
YJV YJLV	交联聚乙烯绝缘，聚氯乙烯、聚乙烯护套电力电缆	敷设在室内、隧道及管道中，电缆不能承受机械外力作用

续表

型 号	名 称	使用范围
YJV22 YJLV22 YJV23 YJLV23	交联聚乙烯绝缘、聚氯乙烯、聚乙烯护套、钢带铠装电力电缆	敷设在室内、隧道内直埋土壤，电缆能承受机械外力作用
YJV32 YJLV32 YJV33 YJLV33 YJV42 YJLV42 YJV43 YJLV43	交联聚乙烯绝缘、聚氯乙烯、聚乙烯护套、钢丝铠装电力电缆	敷设在高落差地区，电缆能承受机械外力作用及相当的拉力

特种电缆型号与使用范围见表 3-12。

表 3-12 特种电缆型号与使用范围

分类	型号	名 称	使用范围
阻燃型	ZR-X	阻燃电缆	敷设在对阻燃有要求的场所
	GZR-X GZR	隔氧层阻燃电缆	敷设在对阻燃要求特别高的场所
	WDZR-X	低烟无卤阻燃电缆	敷设在对低烟无卤和阻燃有要求的场所
	GWDZR GWDZR-X	隔氧层低烟无卤阻燃电缆	敷设在要求低烟无卤且阻燃性能特别高的场所
耐火型	NH-X	耐火电缆	敷设在对耐火有要求的室内、隧道及管道中
	GNH-X	隔氧层耐火电缆	除耐火外要求高阻燃的场所
	WDNH-X	低烟无卤耐火电缆	敷设在有低烟无卤耐火要求的室内、隧道及管道中
	GWDNH GWDNH-X	隔氧层低烟无卤耐火电缆	除低烟无卤耐火特性要求外，对阻燃性能有更高要求的场所
防水型	FS-X	防水电缆	敷设在地下水位常年较高，对防水有较高要求的地区
耐寒型	H-X	耐寒电缆	敷设在环境温度常年较低，对抗低温有较高要求的地区
环保型	FYS-X	环保型防白蚁、防鼠电缆	用于白蚁和鼠害严重地区以及有阻燃要求地区的电力电缆、控制电缆

1. 绝缘

（1）移动式电气设备等须经常移动或有较高柔软性要求的回路，应使用橡皮绝缘电缆。

（2）放射线作用场所，应按绝缘类型要求选用交联聚乙烯、乙丙橡皮绝缘电缆。

（3）60℃以上高温环境，应按经受高温及其持续时间和绝缘类型要求，选用耐热聚氯乙烯、普通交联聚乙烯、辐射式交联聚氯乙烯或乙丙橡皮绝缘等适合的耐热型的电缆；100℃以上高温环境，宜采用矿物绝缘电缆。高温场所不宜用聚氯乙烯绝缘电缆。

（4）-20℃以下低温环境，应按低温条件和绝缘类型要求，选用油浸纸绝缘类或交联聚乙烯、聚乙烯绝缘、耐寒橡皮绝缘电缆。低温环境下不宜用聚氯乙烯绝缘电缆。

（5）有低毒难燃性防火要求场所，可采用交联聚乙烯、聚乙烯或乙丙橡皮等绝缘不含卤素的电缆。防火有低毒性要求时，不宜用聚氯乙烯电缆。

2. 外护层

（1）交流单相回路的电力电缆，不得有未经非磁性处理的金属带、钢丝铠装。

（2）直埋敷设电缆的外护层选择，应符合下列规定：

1) 电缆承受较大压力或有机械操作危险时，应有加强层或钢带铠装。
2) 在流沙层、回填土地带等可能出现位移的土壤中，电缆应有钢丝铠装。
3) 白蚁严重危害且塑料电缆未有尼龙外套时，可采用金属套或钢带铠装。
(3) 空气中固定敷设电缆时的外护层选择，应符合下列规定：
1) 油浸纸绝缘铅套电缆直接在臂式支架上敷设时，应具有钢带铠装。
2) 小截面积塑料绝缘电缆直接在臂式支架上敷设时，应具有钢带铠装。
3) 在地下客运、商业设施等安全性要求高而鼠害严重的场所，塑料绝缘电缆可具有金属套或钢带铠装。
4) 电缆位于高落差的受力条件需要时，可含有钢丝铠装。
5) 敷设在梯架或托盘等支承密接的电缆，可不含铠装。
6) 60℃以上高温环境除了采用聚乙烯等耐热外套的电缆外，宜用聚氯乙烯外套。
7) 严禁在封闭式通道内使用纤维外被的明敷电缆。

3.2 光伏发电并网设计

光伏发电并网设计是指将光伏发电系统与电网连接并实现电力的互相传输和交互。光伏发电并网设计的目标是实现光伏发电系统与电网的高效、安全和可靠的互联互通。设计过程中需要综合考虑光伏发电系统的特点、电网要求和相关法规标准，以确保光伏发电系统能够正常运行并为电网提供可靠的电力供应。

3.2.1 并网要求

1. 对并网点的要求

光伏发电系统根据容量及并网电压等级要求，可以实施单点并网或多点并网，并网点要设置在易于操作、可闭锁且具有明显开断点的位置，以确保电力设施检修及维护人员的人身安全。

2. 系统接入功率

根据接入电压等级、接入点实际情况对光伏系统接入电网的功率进行控制。具体能够接入多大功率要根据电网实际运行情况、电能质量控制、防孤岛保护等进行多方面论证。一般接入功率的总容量要控制在所接主变、配变接入侧线圈额定容量的30％以内。T接方式接入10/20kV公用线路的光伏系统，其总容量宜控制在该线路最大输送容量的10％～30％范围内。

3.2.2 电压等级

光伏电站内连接各发电单元就地升压后变成高压侧的母线称为光伏电站母线，母线电压等级的确定，既要满足地区电力网络的需要，也要根据光伏电站的容量、规划、一次性投资和长期运营费用等因素综合考虑。

光伏电站母线电压有4种，即380V、10kV、20kV和35kV标称电压等级。光伏发电母线电压应根据接入电网的要求和光伏电站的安装容量，经过技术经济比较后，按下列条件选择确定：

(1) 光伏发电系统安装总容量小于等于1MW时，可采用0.4kV电压等级，不能就地消纳时，也可采用10kV等级。总容量小于等于1MW的光伏系统，大多数分布式电站，自发自用就地消纳、并网电量基本不上网时，为降低造价和运营费用，优先采用0.4kV等级，不能就地消纳时，可以采用10kV等级。

(2) 光伏系统安装总容量大于1MW，在30MW以内时，可以根据情况采用10～35kV电压等级。在3种等级10kV、20kV和35kV中选择，主要取决于其综合技术经济效益和光伏系统周边电网的实际情况。

3.2.3 并网接入方式

光伏发电系统的并网接入，一般有专线接入方式、T接接入方式和用户侧接入方式三种。并网接入方式示意图如图3-19所示。

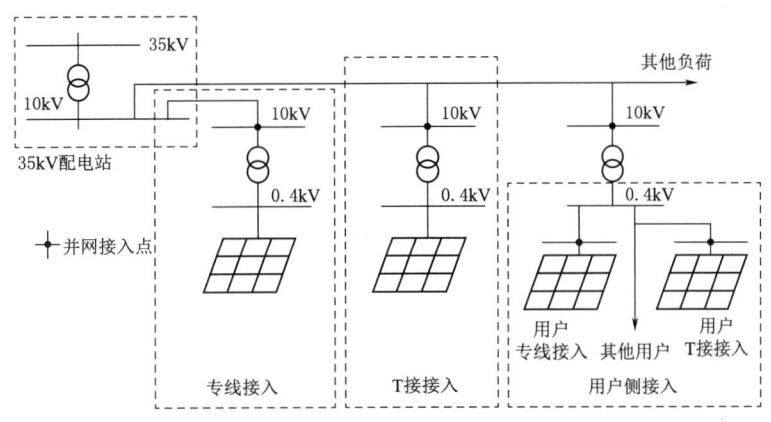

图3-19 并网接入方式示意图

3.2.4 典型接入案例

国家电网公司针对10kV及以下电压等级接入电网，且单个并网点总装机容量小于6MW的分布式光伏发电系统，推出了《分布式光伏发电接入系统典型设计》方案。该方案根据接入电压等级、运营模式和接入点不同，共划分8个单点接入系统方案，5个多点接入系统方案。每个典型设计方案内容包括接入系统一次、系统继电保护及安全自动装置、系统调度自动化、系统通信、计量与结算等相关方案设计。

3.2.4.1 接入方案分类及要求

1. 单点接入方案

按照接入电压等级，分为接入10kV、380/220V两类；按照接入位置，分为接入变电站/配电室/箱变、开闭站/配电箱、环网柜和线路四类；按照接入方式，分为专线接入和T接接入两类；按照接入产权，分为接入用户电网和接入公共电网两类。

2. 多点接入方案

考虑单个项目多点接入用户电网，或多个项目汇集接入公共电网情况，设计多点接入组合方案。按照接入电压等级，分为多点接入380V组合方案、多点接入10kV组合方案、多点接入10kV/380V组合方案三类。按照接入产权，分为接入单一用户组合方案、接入公共电网组合方案两类。

3. 计量点设计

对于接入用户电网，计量点设置分为两类：一类装设双向关口计量电能表，用户上、下网电量分别计量；另一类装设发电量计量电能表，用于发电量和电价补贴计量。对于接入公共电网，计量点设置在产权分界点处，装设发电量计量电能表，用于电量计量和电价补偿。

4. 防孤岛检测和保护

分布式光伏发电系统逆变器必须具备快速主动检测孤岛、检测到孤岛后立即断开与电网连接的功能。接入10kV的分布式光伏发电项目，形成双重检测和保护策略。380V电压等级由逆变器实现防孤岛检测和保护功能，但在并网点应安装易操作、具有明显开断指示的开断设备。

5. 通信方式

根据配电网区域发展差异，按照降低接入系统投资和满足配网智能化发展的要求考虑通信方式。优先利用现有配网自动化系统和营销集抄系统通信。

6. 发电系统信息采集

接入10kV的项目，采集电源并网状态、电流、电压、有功、无功、发电量等电气运行工况。接入380V的项目，暂只采集电能信息，预留并网点断路器工位等信息采集的能力。

3.2.4.2 接入设计方案

光伏发电系统单点接入设计方案见表3-13。

表3-13　　　　　　　光伏发电系统单点接入设计方案表

方案编号	接入电压	运营模式	接入点	送出回路数	单并点参考容量
XGF10-T-1	10kV	全额上网（接入公共电网）	专线接入变电站10kV母线	1	1～6MW
XGF10-T-2			专线接入变电站10kV开关站、配电室或箱变	1	400kW～6MW
XGF10-T-3			T接10kV线路	1	400kW～1MW
XGF10-Z-1		自发自用/余量上网（接入用户电网）	专线接入用户10kV母线	1	400kW～6MW
XGF380-T-1	380V	全额上网（接入公共电网）	配电箱/线路	1	≤100kW，8kW及以下可单相接入
XGF380-T-2			箱变或配电室低压母线	1	20～400kW
XGF380-Z-1		自发自用/余量上网（接入用户电网）	用户配电箱/线路	1	≤400kW，8kW及以下可单相接入
XGF380-Z-2			用户配电箱或配电室低压母线	1	20～400kW

光伏发电系统多点接入设计方案表见表3-14。

表 3-14　　　　　　　　　　光伏发电系统多点接入设计方案表

方案编号	接入电压	运营模式	接入点
XGF380-Z-Z1	380/220V	自发自用/余量上网（接入用户电网）	多点接入配电箱/线路、箱变或配电室低压母线（用户）
XGF10-Z-Z1	10kV		多点接入用户10kV母线、用户箱变或配电室（用户）
XGF380/10-Z-Z1	10kV/380V		以380V单点或多点接入配电箱/线路、箱变或配电室低压母线（用户），以10kV单点或多点接入用户10kV母线、用户箱变或配电室（用户）
XGF380-T-Z1	380/220V	全额上网（接入公共电网）	多点接入配电箱/线路、箱变或配电室低压母线（公用）
XGF380/10T-Z1	10kV/380V		以380V单点或多点接入配电箱/线路、箱变或配电室低压母线（公用），以10kV单点或多点接入10kV配电室或箱变开关站变电站10kV母线、T接10kV线路（公用）

典型接入方案的具体连接示意图参看国家电网《分布式光伏发电接入系统典型设计》。是单相、三相余电上网和单相、三相全额上网系统接入示意图分别如图3-20、图3-21所示，供设计时参考。

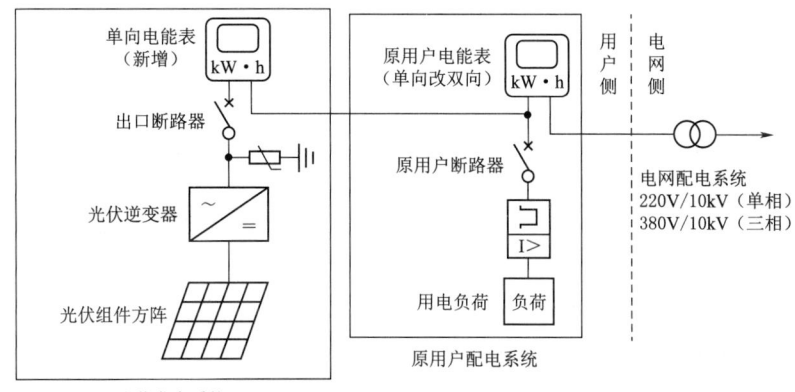

图 3-20　单相、三相余电上网系统接入示意图

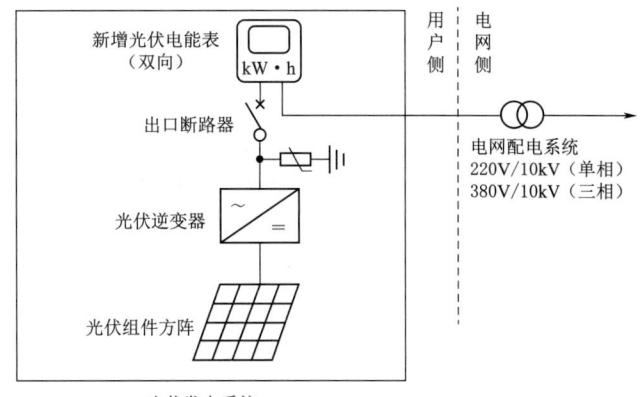

图 3-21　单相、三相全额上网系统接入示意图

3.2.5　分布式光伏发电接入系统典型设计

国家图集中规定的分布式光伏发电接入系统典型设计范围为10kV及以下电压等级，

且单个并网点总装机容量小于6MW。

3.2.5.1　不同方案接线图

1. 方案1

XGF10－T－1接入方案示意图如图3－22所示。

2. 方案2

XGF10－T－2接入方案示意图如图3－23所示。

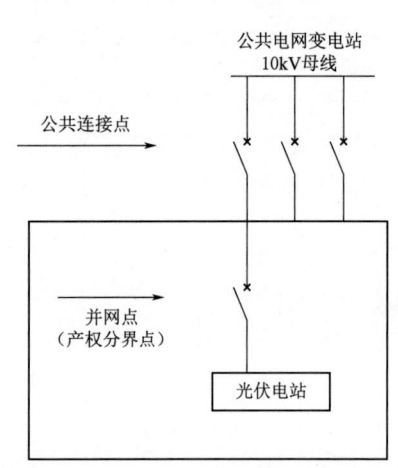
图3－22　XGF10－T－1接入方案示意图

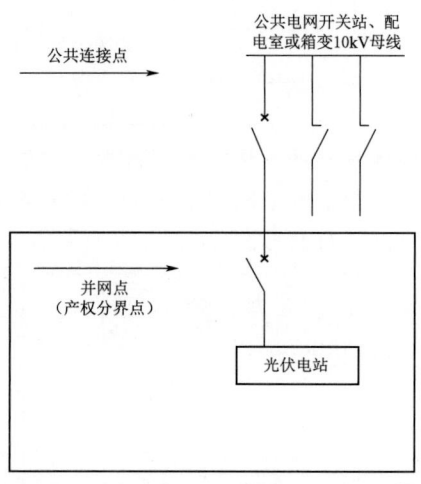
图3－23　XGF10－T－2接入方案示意图

3. 方案3

XGF10－T－3接入方案示意图如图3－24所示。

4. 方案4

XGF10－Z－1的接入方案分为两个子方案，其接入方案示意图如图3－25、图3－26所示。

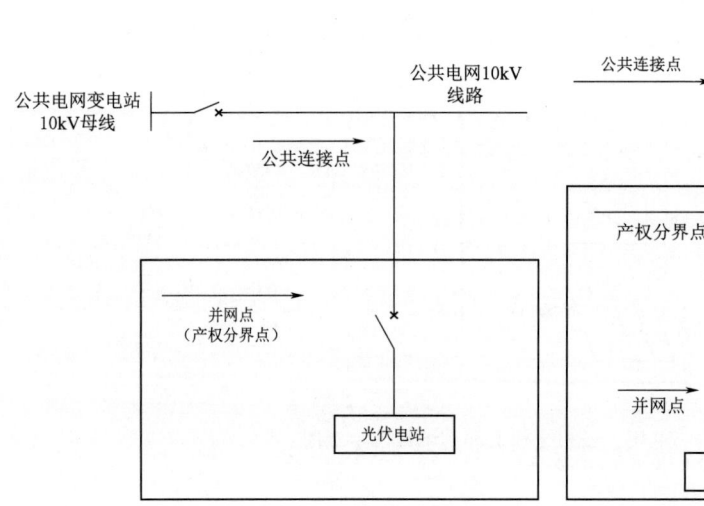
图3－24　XGF10－T－3接入方案示意图

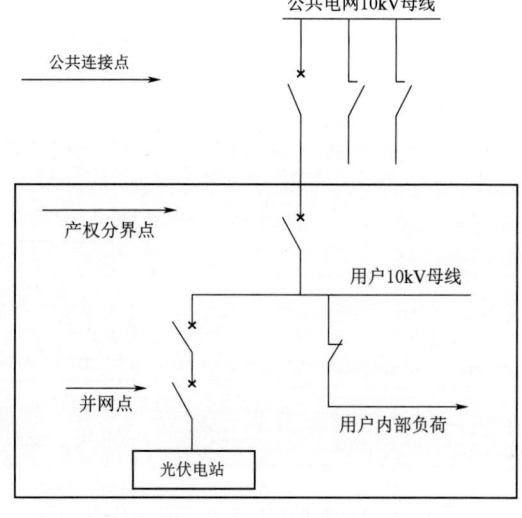
图3－25　XGF10－Z－1专线接入方案示意图

5. 方案 5

XGF380-T-1 接入方案示意图如图 3-27 所示。

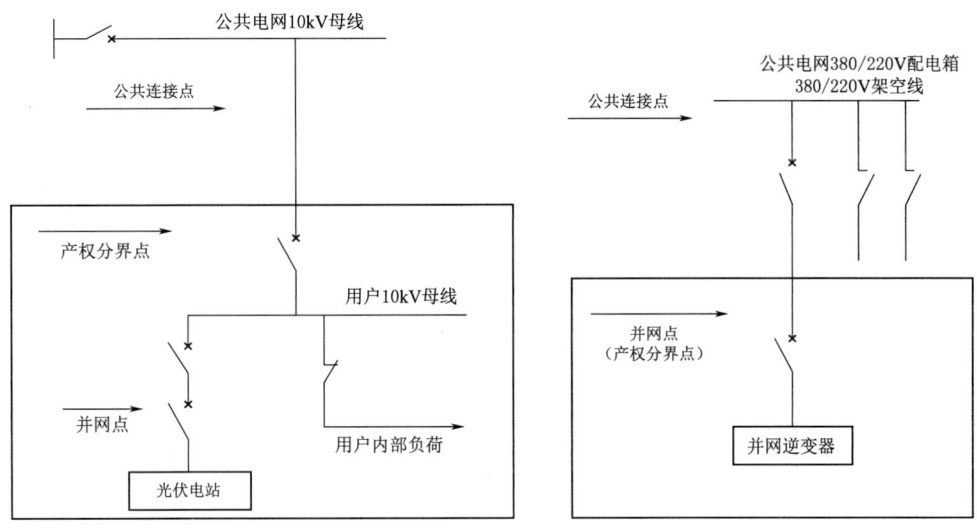

图 3-26 XGF10-Z-1 T 接接入方案示意图   图 3-27 XGF380-T-1 接入方案示意图

6. 方案 6

XGF380-T-2 接入方案示意图如图 3-28 所示。

7. 方案 7

XGF380-Z-1 直接接入 380V 用户方案示意图和直接接入 10kV 用户方案示意图分别如图 3-29、图 3-30 所示。

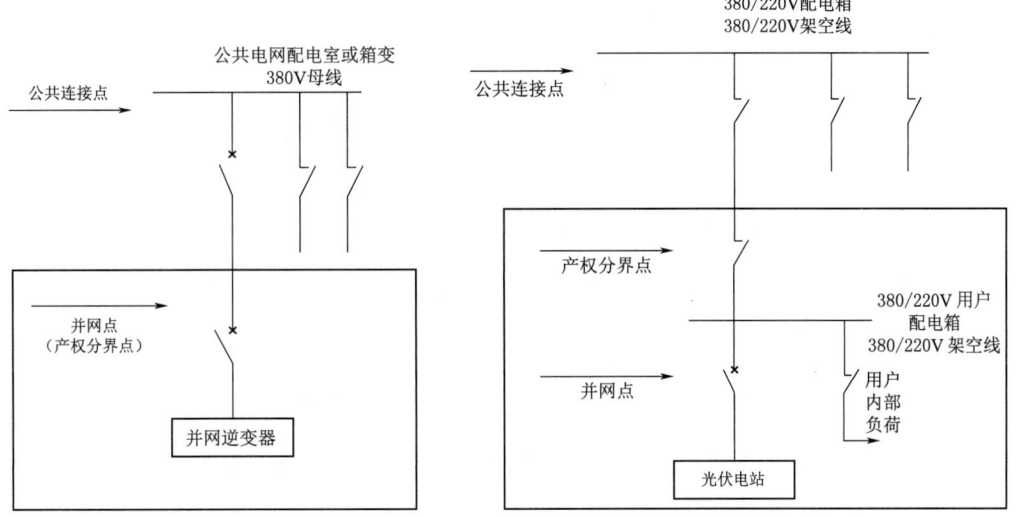

图 3-28 XGF380-T-2 接入方案示意图   图 3-29 XGF380-Z-1 直接接入 380V 用户方案示意图

8. 方案 8

XGF380-Z-2 接入方案示意图如图 3-31 所示。

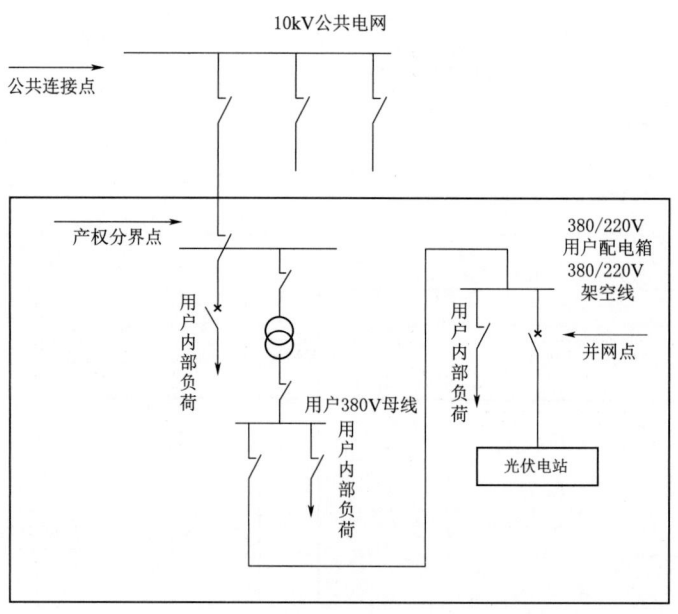

图 3-30 XGF380-Z-1 直接接入 10kV 用户方案示意图

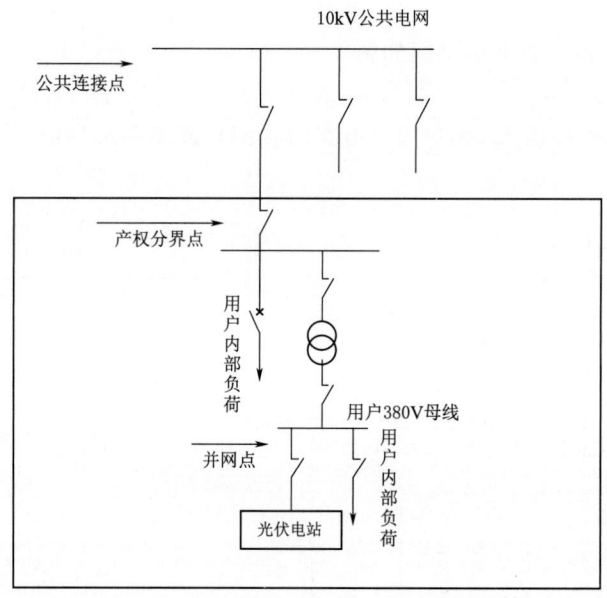

图 3-31 XGF380-Z-2 接入方案示意图

3.2.5.2 实践中，还可采用多点组合接入方案，各不同接入方案信息如下。

1. 组合方案 1

XGF380-Z-Z1 接入 380V、10kV 用户方案示意图分别如图 3-32、图 3-33 所示。

2. 组合方案 2

XGF10-Z-Z1 专线接入方案示意图如图 3-34 所示。XGF10-Z-Z1 T 接接入公共

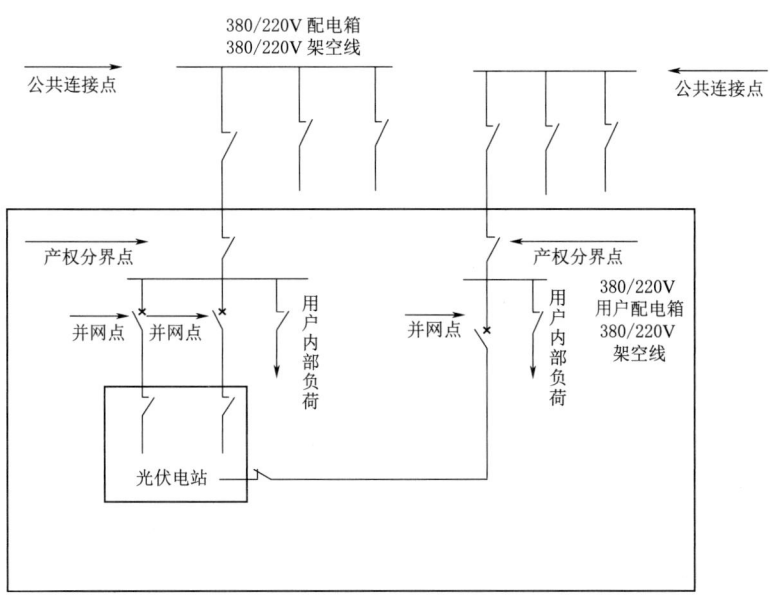

图 3-32 XGF380-Z-Z1 接入 380V 用户方案示意图

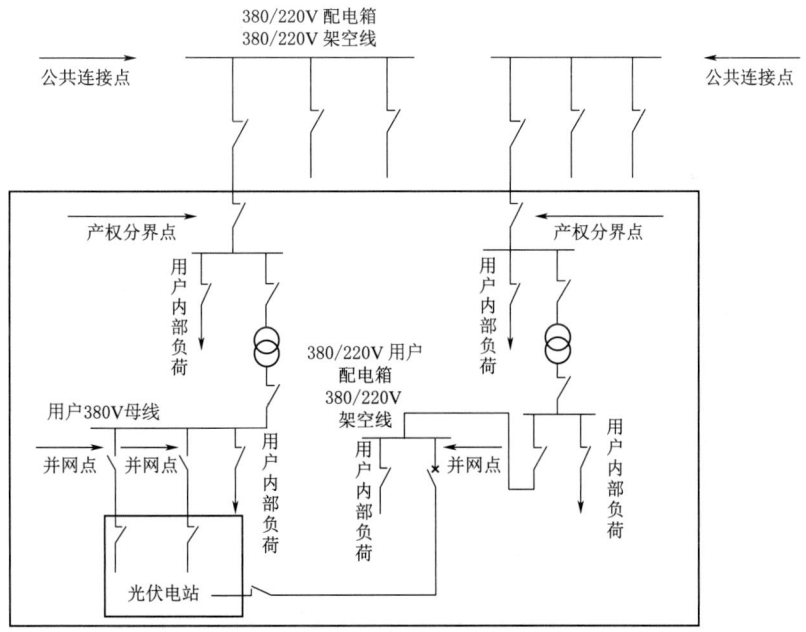

图 3-33 XGF380-Z-Z1 接入 10kV 用户方案示意图

电网示意图如图 3-35 所示。

3. 组合方案 3

XGF380/10-Z-Z1 接入方案示意图如图 3-36 所示。

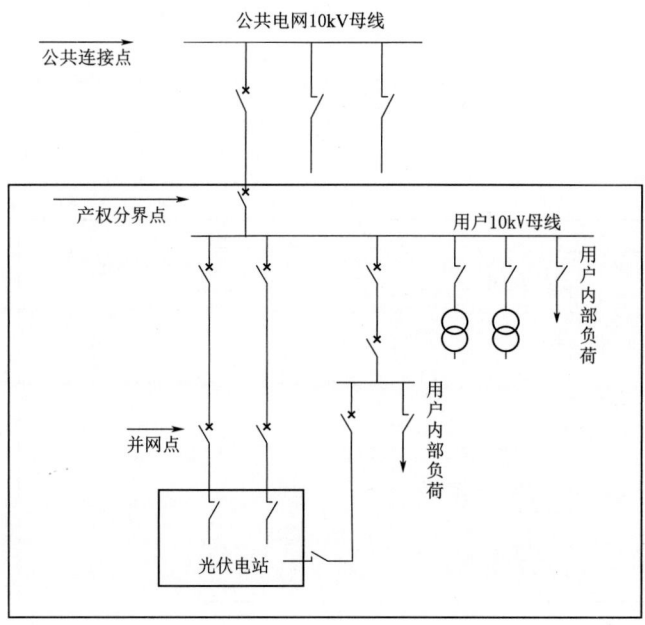

图 3-34　XGF10-Z-Z1 专线接入方案示意图

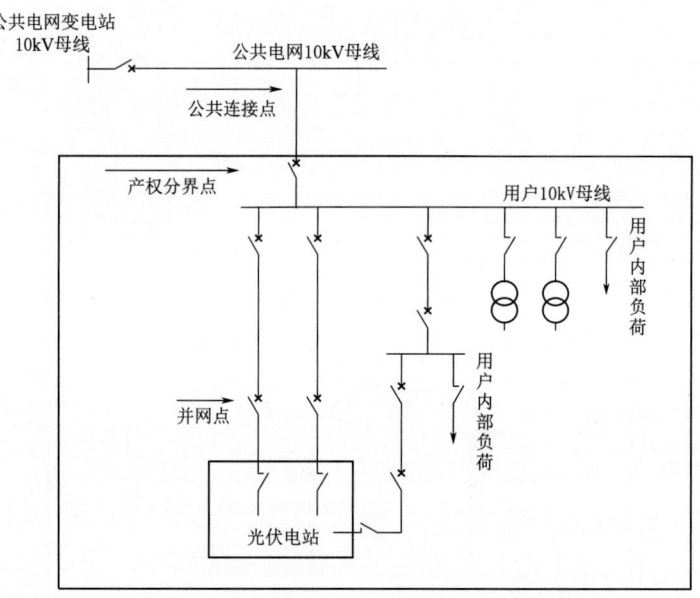

图 3-35　XGF10-Z-Z1 T 接接入公共电网示意图

4. 组合方案 4

XGF380-T-Z1 接入方案示意图如图 3-37 所示。

5. 组合方案 5

XGF380/10-T-Z1 接入方案示意图如图 3-38 所示。

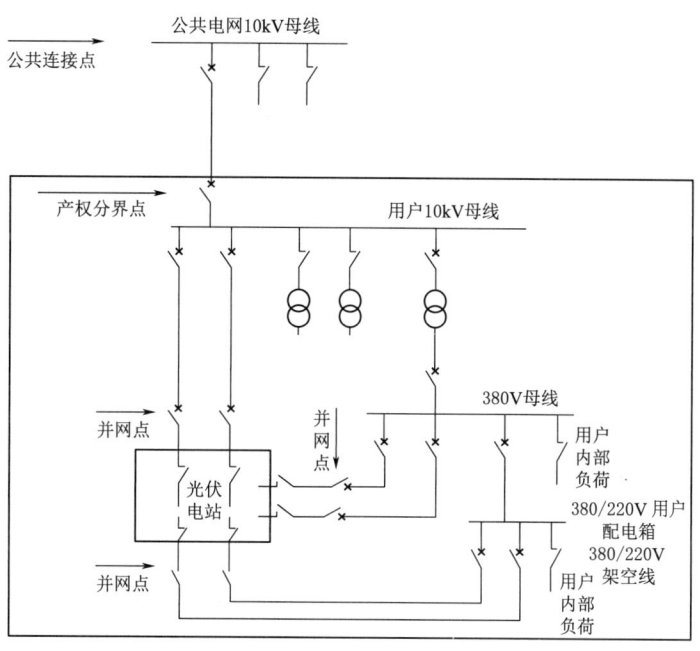

图 3-36 XGF380/10-Z-Z1 接入方案示意图

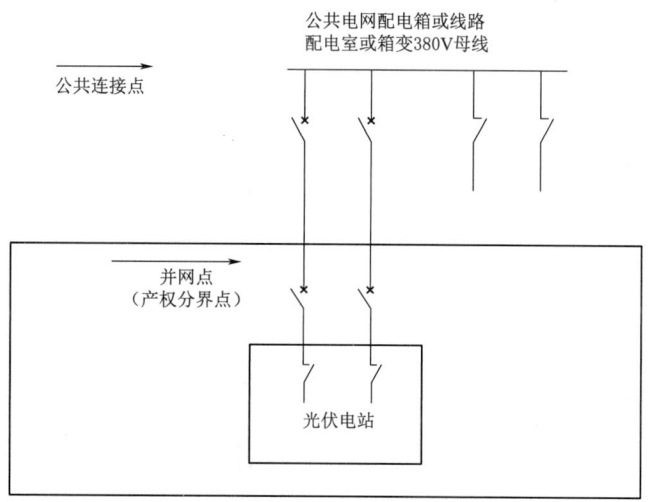

图 3-37 XGF380-T-Z1 接入方案示意图

3.2.6 并网电能计量装置的接入

3.2.6.1 电能计量装置接入要求

光伏发电系统要在发电侧和电能计量点分别配置、安装专用电能计量装置（电能表），电能计量装置要校验合格，并通过电力公司认可或发放投入使用。光伏电站接入电网前，应明确上网电量和使用电网电量的计量点，计量点原则上设置在产权分界的光伏电站并网

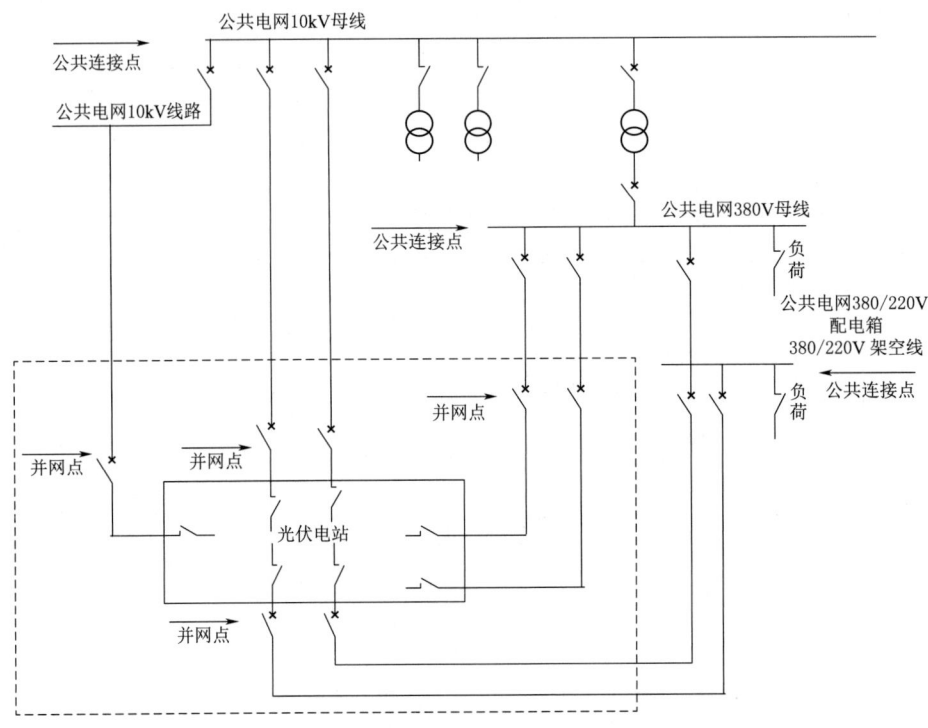

图 3-38　XGF380/10-T-Z1 接入方案示意图

点。每个计量点都要装设电能计量装置，其设备配置和技术要求符合《电能计量装置技术管理规程》（DL/T 448）以及相关标准和规范等。

中型以上光伏电站的同一计量点应安装同型号、同规格、同精确度的主、副电能表各 1 套，主、副表应有明确的标识。

电能表一般采用静止式多功能电能表，技术性能符合《多功能电能表》（DL/T 614）的要求，至少应具备双向有功和四象限无功计量功能、事件记录功能，配有标准通信接口，具备本地通信和通过电能信息采集终端远程通信的功能。

3.2.6.2　电能表接线方式

（1）对于低压供电，负荷电流在 50A 及以下时，宜采用直接接入式电能表；负荷电流在 50A 以上时，宜采用经电流互感器接入的接线方式。

（2）接入中性点绝缘系统的电能计量装置，应采用三相三线有功、无功电能表。接入非中性点绝缘系统的电能计量装置，应采用三相四线有功、无功电能表或 3 只感应式无止逆单相电能表。

（3）接入中性点绝缘系统的 3 台电压互感器，35kV 及以上的宜采用 Y/y 方式接线；35kV 以下的宜采用 V/v 方式接线。接入非中性点绝缘系统的 3 台电压互感器，宜采用 Y0/y0 方式接线，其一次侧接地方式和系统接地方式相一致。

（4）对三相三线制接线的电能计量装置，其 2 台电流互感器二次绕组与电能表之间宜采用四线连接。对三相四线制连接的电能计量装置，其 3 台电流互感器二次绕组与电能表之间宜采用六线连接。

(5) 电能表内部接线图如图 3-39 所示。

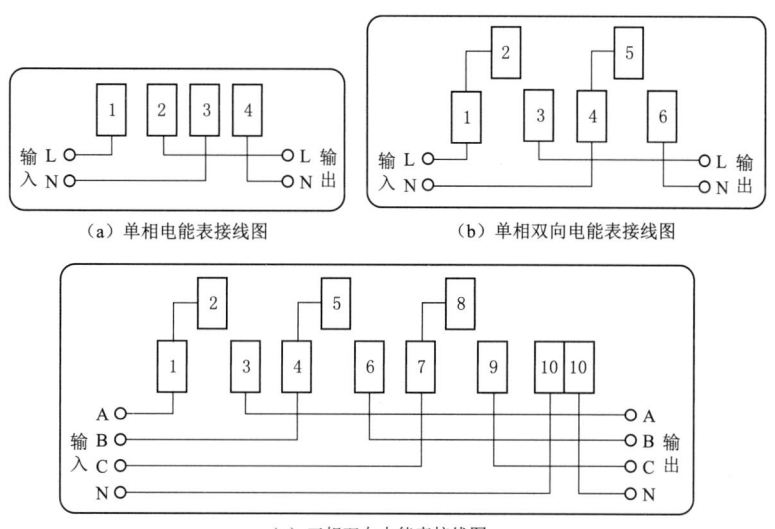

图 3-39 电能表内部接线图

1) 单相并网电能表接法一（1个单相双向电能表＋1个单相电能表）。这种接法利用1个单相电能表计量光伏发电系统的总发电量，利用单相双向电能表计量光伏余电上网电量和用户的市电实际用电量，具体接线如图 3-40 所示。

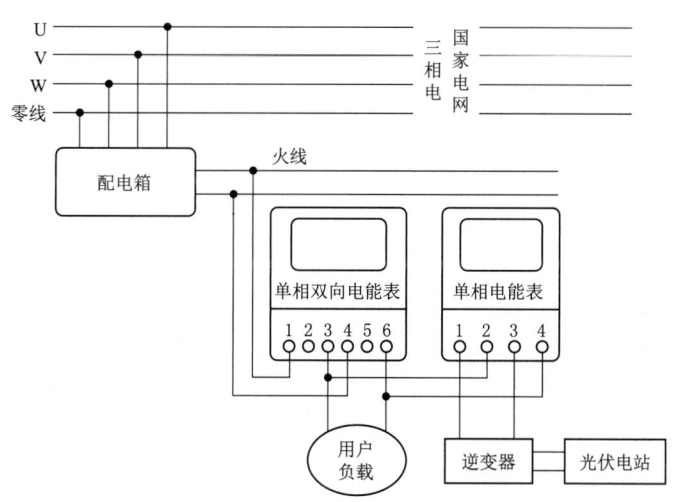

图 3-40 单相并网电能表接法一

2) 单相并网电能表接法二（1个单相双向电能表＋1个单相电能表）。这种接法利用1个单相电能表计量用户的总用电量，利用单相双向电能表计量光伏余电上网电量和用户市电实际用电量，具体接线如图 3-41 所示。这种接法适合用在"完全自发自用"的场合，要计量光伏系统总发电量需要通过各个电能表计量数的加减计算，不是很方便。

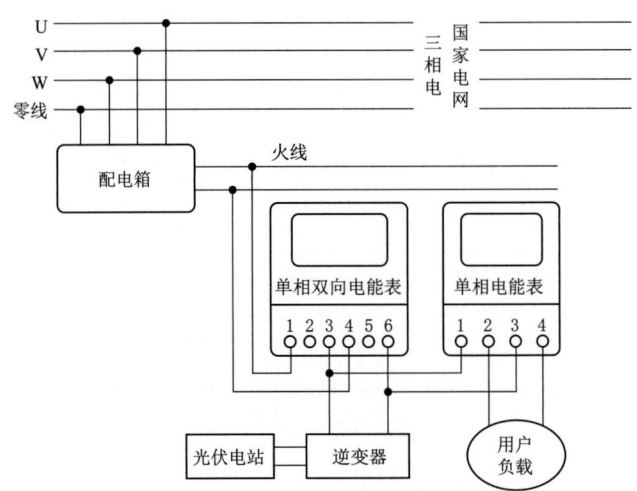

图 3-41 单相并网电能表接法二

3) 单相并网电能表接法三（1个单向双向电能表＋2个单相电能表）。这种接法利用1个单相电能表计量光伏发电系统的总发电量，利用另一个单相电能表计量用户的总用电量，利用单向双向电能表计量光伏余电上网电量和用户的市电实际用电量，具体接线如图 3-42 所示。

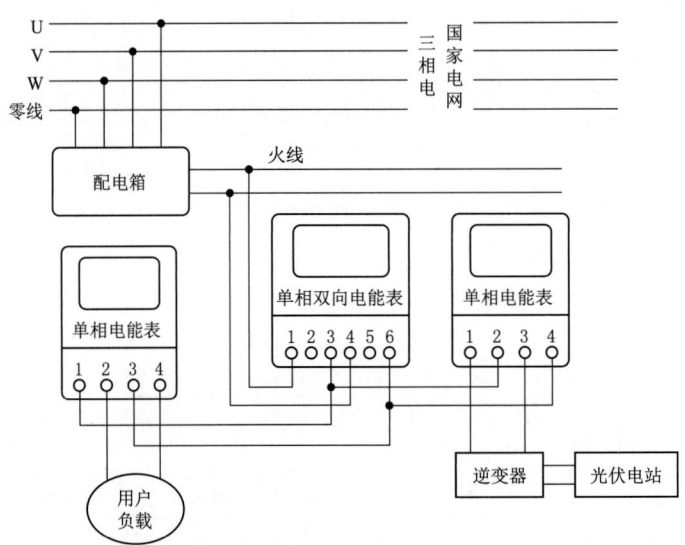

图 3-42 单相并网电能表接法三

4) 三相并网电能表接法一（1个三相双向电能表＋1个单相电能表）。这种接法利用1个三相双向电能表计量光伏发电系统的总发电量，利用单相电能表计量用户的实际用电量，具体接线如图 3-43 所示。

5) 三相并网电能表接法二（2个三相双向电能表＋1个单相电能表）。这种接法利用1个三相双向电能表计量光伏发电系统的总发电量，利用单相电能表计量用户的实际总用电

3.2 光伏发电并网设计

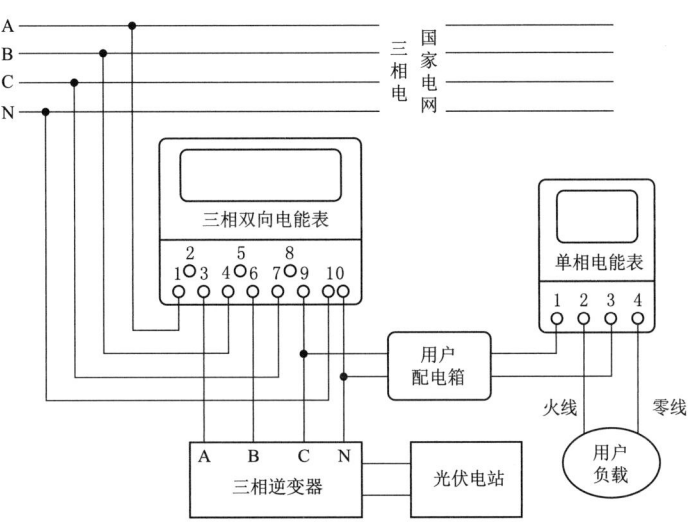

图 3-43 三相并网电能表接法一

量；另 1 个三相双向电能表计量光伏发电系统的余电上网量和用户市电使用量，具体接线如图 3-44 所示。

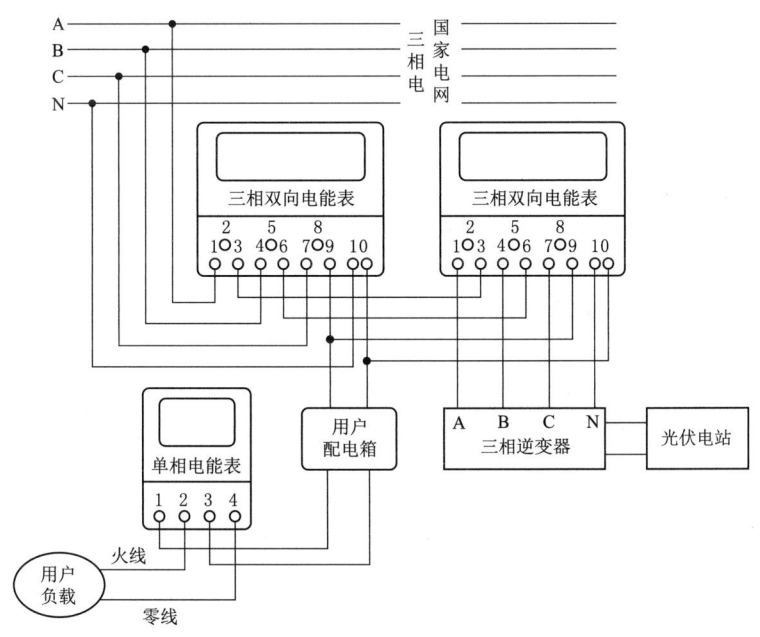

图 3-44 三相并网电能表接法二

6) 三相并网电能表接法三（两个三相双向电能表）。这种接法利用 1 个三相双向电能表计量光伏发电系统的总发电量；另 1 个三相双向电能表计量光伏发电系统的余电上网量和用户市电使用量，具体接线如图 3-45 所示。

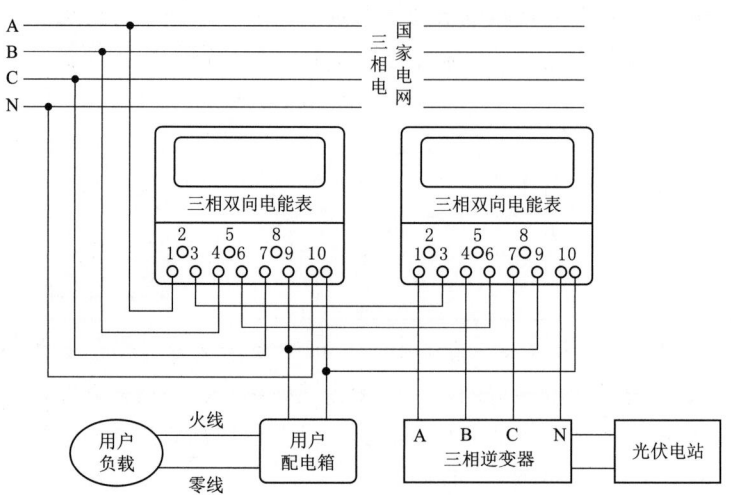

图 3-45　三相并网电能表接法三

3.3　升压站设计

升压站是电力系统中用于将输送到升压站的低电压电力转换为高电压电力，以便长距离传输和分配。升压站的设计需要综合考虑电力系统的需求、安全要求、环境要求和运维要求等因素，以确保升压站的安全、可靠和高效运行。设计过程中还需要遵守相关的国家和地方规范和标准。

3.3.1　电气主接线

（1）光伏电站发电单元接线及就地升压变压器的连接应符合下列要求：

1）逆变器与就地升压变压器的接线方案应依据光伏电站的容量、光伏方阵的布局、光伏组件的类别和逆变器的技术参数等条件，经技术经济比较确定。

2）一台就地升压变压器连接两台不自带隔离变压器的逆变器时，宜选用分裂变压器。

（2）光伏电站发电母线电压应根据接入电网的要求和光伏电站的安装容量，经技术经济比较后确定，并宜符合下列规定：

1）光伏电站安装总容量小于或等于1MW时，宜采用0.4~10kV电压等级。

2）光伏电站安装总容量大于1MW，且不大于30MW时，宜采用10~35kV电压等级。

3）光伏电站安装容量大于30MW时，宜采用35kV电压等级。

（3）光伏发电站发电母线的接线方式应按本期、远景规划的安装容量、安全可靠性、运行灵活性和经济合理性等条件选择，并应符合下列要求：

1）光伏电站安装容量小于或等于30MW时，宜采用单母线接线。

2）光伏电站安装容量大于30MW时，宜采用单母线或单母线分段接线。

3）当分段时，应采用分段断路器。

（4）光伏发电站母线上的短路电流超过所选择的开断设备允许值时，可在母线分段回路中安装电抗器。母线分段电抗器的额定电流应按其中一段母线上所连接的最大容量的电流值选择。

（5）光伏发电站内各单元发电模块与光伏发电母线的连接方式，由运行可靠性、灵活性、技术经济合理性和维修方便等条件综合比较确定，可采用的连接方式：①辐射式连接方式；②T接连接方式。

（6）光伏电站母线上的电压互感器和避雷器应合用一组隔离开关，并组装在一个柜内。

（7）光伏电站内10kV或35kV系统中性点可采用不接地、经消弧线圈接地或小电阻接地方式。经汇集形成光伏电站群的大、中型光伏电站，其站内汇集系统宜采用经消弧线圈接地或小电阻接地的方式。就地升压变压器的低压侧中性点是否接地应依据逆变器的要求确定。

（8）当采用消弧线圈接地时，应装设隔离开关。消弧线圈的容量选择和安装要求应符合现行行业标准《交流电气装置的过电压保护和绝缘配合》（DL/T 620）的规定。

（9）光伏电站110kV及以上电压等级的升压站接线方式，应根据光伏发电站在电力系统的地位、地区电力网接线方式的要求、负荷的重要性、出线回路数、设备特点、本期和规划容量等条件确定。

（10）220kV及以下电压等级的母线避雷器和电压互感器宜合用一组隔离开关，110～220kV线路电压互感器与耦合电容器、避雷器、主变压器引出线的避雷器不宜装设隔离开关；主变压器中性点避雷器不应装设隔离开关。

3.3.2　变压器选择

在光伏并网发电系统中，升压变压器是系统关键设备之一，变压器起到电压变换与隔离作用双重作用。

虽然变压器种类繁多，用途各异，电压等级和容量不同，但变压器的基本结构大致相同。当前，除部分采用高压直升并网型逆变器或低压并入系统外，大部分分布式光伏发电系统需要通过光伏专用或普通变压器并入电网。根据光伏系统接入电网技术规定，其接入容量不宜大于系统/变压器额定容量的25%。为抑制高次谐波及方便切除系统单相接地短路故障，变压器接线通常采用D，Yn11连接组。

变压器过负荷能力较强。在光伏发电系统中，变压器可靠性较好，一般不需要专人进行维护、监管。相关人员只要注意变压器的外在特征变化，如温升、噪声、震动、怪味、打火等，发现问题及时报告有关人员，必要时可经专业人员同意切除变压器。

光伏升压接入系统还可采用箱式变压器型式（简称箱变）。箱变是一种把高压开关设备、配电变压器、低压开关设备、雷击及过电压防护装置、电能计量设备和无功补偿装置等按一定的接线方案组合在一个或几个箱体内的紧凑型成套配电装置，具有技术先进、安全可靠、自动化程度高、组合方式灵活、占地面积小、外形美观等多种优点。但因箱变是组合式升压装置，因而其监控内容较多。

光伏电站升压站主变压器的选择应符合现行行业标准《导体和电器选择设计技术规

定》(DL/T 5222) 的规定,参数宜按现行国家标准《油浸式电力变压器技术参数和要求》(GB/T 6451)、《干式电力变压器技术参数和要求》(GB/T 10228)、《三相配电变压器能效限定值及节能评价值》(GB 20052) 或《电力变压器能效限定值及能效等级》(GB 24790) 的规定进行选择。

(1) 光伏电站升压站主变压器的选择应符合下列要求:

1) 应优先选用自冷式、低损耗电力变压器。

2) 当无励磁调压电力变压器不能满足电力系统调压要求时,应采用有载调压电力变压器。

3) 主变压器容量可按光伏发电站的最大连续输出容量进行选取,且宜选用标准容量。

(2) 光伏方阵内就地升压变压器的选择应符合下列要求:

1) 宜选用自冷式、低损耗电力变压器。

2) 变压器容量可按光伏方阵单元模块最大输出功率选取。

3) 可选用高压(低压)预装式箱式变电站或变压器、高低压电气设备等组成的装配式变电站。对于在沿海或风沙大的光伏电站,当采用户外布置时,沿海防护等级应达到 IP65,风沙大的光伏电站防护等级应达到 IP54。

4) 就地升压变压器可采用双绕组变压器或分裂变压器。

5) 就地升压变压器宜选用无励磁调压变压器。

3.3.3 站用电系统

光伏发电站站用电系统的电压宜采用 380V。

380V 站用电系统,应采用动力与照明网络共用的中性点直接接地方式。

(1) 站用电工作电源引接方式宜符合下列要求:

1) 光伏发电站有发电母线时,宜从发电母线引接供给自用负荷。

2) 当技术经济合理时,可由外部电网引接电源供给发电站自用负荷。

3) 当技术经济合理时,就地逆变升压室站用电也可由各发电单元逆变器变流出线侧引接,但升压站(或开关站)站用电应按本条的第 1 款或第 2 款中的方式引接。

(2) 站用电系统应设置备用电源,其引接方式宜符合下列要求:

1) 当光伏电站只有一段发电母线时,宜由外部电网引接电源。

2) 当发电母线为单母线分段接线时,即可由外部电网引接电源也可由其中的另一段母线上引接电源。

3) 各发电单元的工作电源分别由各自的就地升压变压器低压侧引接时,宜采用邻近的两发电单元互为备用的方式或由外部电网引接电源。

4) 工作电源与备用电源间宜设置备用电源自动投入装置。

(3) 站用电变压器容量选择应符合下列要求:

1) 站用电工作变压器容量不宜小于计算负荷的 1.1 倍。

2) 站用电备用变压器的容量与工作变压器容量相同。

(4) 站用电装置的布置位置及方式应根据光伏电站的容量、光伏方阵的布局和逆变器的技术参数等条件确定。

3.3.4 配电装置

光伏电站的升压站（或开关站）配电装置的设计应符合国家现行标准《高压配电装置设计技术规程》（DL/T 5352）及《3～110kV 高压配电装置设计规范》（GB 50060）的规定。

升压站 35kV 以上配电装置应根据地理位置选择户内或户外布置。在沿海及土石方开挖工程量大的地区宜采用户内配电装置；在内陆及荒漠不受气候条件、占用土地及施工工程量等限制时，宜采用户外配电装置。

10～35kV 配电装置宜采用户内成套式高压开关柜配置型式，也可采用户外装配式配电装置。

对沿海海拔高于 2000.00m 及土石方开挖工程量大的地区，当技术经济合理时，66kV 及以上电压等级的配电装置可采用气体绝缘金属封闭开关设备；在内陆及荒漠地区可采用户外装配式布置。

3.3.5 接地及过电压保护

光伏电站的升压站区和就地逆变升压室的过电压保护和接地应符合现行行业标准《交流电气装置的过电压保护和绝缘配合》（DL/T 620）和《交流电气装置的接地》（DL/T 621）的规定。

光伏电站生活辅助建（构）筑物防雷应符合现行国家标准《建筑物防雷设计规范》（GB 50057）的规定。

光伏方阵场地内应设置接地网，接地网除应采用人工接地极外，还应充分利用支架基础的金属构件。

光伏方阵接地应连续、可靠，接地电阻应小于 $4n\Omega$。

3.3.6 电缆选择与敷设

光伏发电站电缆的选择与敷设，应符合现行国家标准《电力工程电缆设计规范》（GB 50217）的规定，电缆截面应进行技术经济比较后选择确定。

集中敷设于沟道、槽盒中的电缆宜选用 C 类阻燃电缆。

光伏组件之间及组件与汇流箱之间的电缆应可靠固定且具备防晒措施。

电缆敷设方式包括直埋、电缆沟、电缆桥架、电缆线槽等方式。动力电缆和控制电缆宜分开排列。

电缆沟不得作为排水通路。

远距离传输时，网络电缆宜采用光纤电缆。

3.3.7 站区消防

光伏电站站区的配电间、逆变器室、变压器室、综合楼、库房、车库、作业场所等的防火分区、防火隔断、防火间距、安全疏散和消防通道设计均应符合现行国家标准《建筑设计防火规范》（GB 50016），《建筑内部装修设计防火规范》（GB 50222），《火力发电厂与变电站设计防火规范》（GB 50229）等标准的规定。

3.3.8 其他

光伏电站宜设置安全防护设施，该设施宜包括入侵报警系统、视频安防系统和出入口控制系统等，并能相互联动。安装于室外的安全防护设施应采取防雷、防尘、防雨、防冻等措施。

第4章 设计实例

4.1 实 例 一

4.1.1 项目简介

农户自建住宅,南北朝向,希望在闲置的楼顶装上光伏电站,采用300W的光伏组件,经过测算楼顶面积可以安装22块光伏组件。住宅屋面情况如图4-1所示。

图4-1 住宅屋面情况

4.1.2 组件

目前光伏电池技术不断进步,为了充分利用屋顶选择了300W的高效组件,该组件有着优异的低辐照性能。组件技术参数如图4-2所示。

组件的主要参数:$P_m=300W$;$V_{oc}=38.8V$,$V_{mpp}=32V$,$I_{mp}=9.38A$,$I_{sc}=9.92A$。

根据组件的型号和敷设的数量可计算得到的装机容量6.6kW。

4.1.3 支架

项目为斜屋面琉璃瓦屋顶,在安装支架时一般采用主支撑构件与琉璃瓦下层屋面固

电性能						机械性能	
CS6K	285P	290P	295P	300P	305P	规格	数据
最大输出功率（P_{max}）	285W	290W	295W	300W	305W	电池片类型	多晶硅6英寸
最佳工作电压（V_{mp}）	31.4V	31.6V	31.8V	32.0V	32.0V	电池片排列	60（6×10）
最佳工作电流（I_{mp}）	9.06A	9.18A	9.28A	9.38A	9.50A	组件尺寸	1650mm×992mm×35mm
开路电压（V_{oc}）	38.3V	38.5V	38.6V	38.8V	38.9V	组件重量	18.2kg
短路电流（I_{sc}）	9.64A	9.72A	9.81A	9.92A	10.03A	组件面板	3.2mm钢化玻璃
组件效率	17.41%	17.72%	18.02%	18.33%	18.63%	组件边框	阳极氧化膜铝合金
工作温度	−40～+85℃					接线盒	IP68,3个二极管
最大系统电压	1000V（IEC）或1500V（IEC）					导线	4.0mm²（IEC），12AWG（UL）
组件防火等级	TYPE 1（UL1703）或 CLASS C（IEC 61730）					导线长度（含连接器）	竖装：700mm（正极）和600mm（负极）；横装：1000mm*
最大保险丝额定值	15A					连接器	T4 系列
应用等级	Class A					每托	30件
输出功率公差	0～+5W					每个集装箱（40尺高柜）	840件
标准测试条件（STC）：辐照度为1000W/m²，电池片温度为25℃，AM为1.5。						*详情请咨询阿特斯技术支持部门。	
(a) 电性能						(b) 机械性能	

图 4-2 组件电性能与机械性能

定，来支撑支架主梁及横梁，组件与横梁之间采用铝合金压块压接。在安装过程中，务必要做好屋面防水工作并合理布置线缆。斜屋面琉璃瓦屋顶电池板支撑示意图如图4-3所示。

 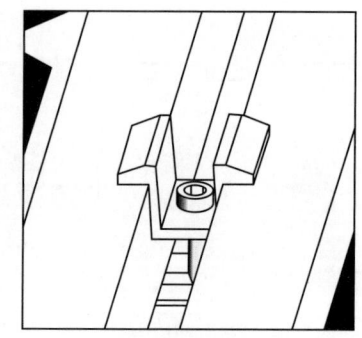

(a) 主支撑结构　　　　　　　　(b) 电池板的固定

图 4-3 斜屋面琉璃瓦屋顶电池板支撑示意图

4.1.4 逆变器

项目总装机容量为6.6kW且并网电压为220V，同时根据屋顶可安装的22块光伏组件选择固德威单相双路GW6000D-NS光伏逆变器，超配比为1.1倍。GW6000D-NS电气参数表见表4-1。

表 4-1　　　　　　　　　　GW6000D-NS 电气参数表

直流输入参数		交流输出参数	
最大直流输入功率/W	7200	额定输出功率/W	6000
最大直流输入电压/V	600	额定输出电压/V	220
最大直流输入电流/A	11	最大输出电流/A	273

续表

直流输入参数		交流输出参数	
直流启动电压/V	120	输出电压频率/Hz	50/60
MPPT/V	80～550	功率因数可调范围	-0.8～+0.8
MPPT 路数/每路 MPPT 输入路数	2/1	电路总谐波	<3%

光伏组件的朝向、倾角完全一致,分为 2 个相同的组串,每串 11 块光伏组件,接到逆变器的直流侧,如图 4-4 所示。

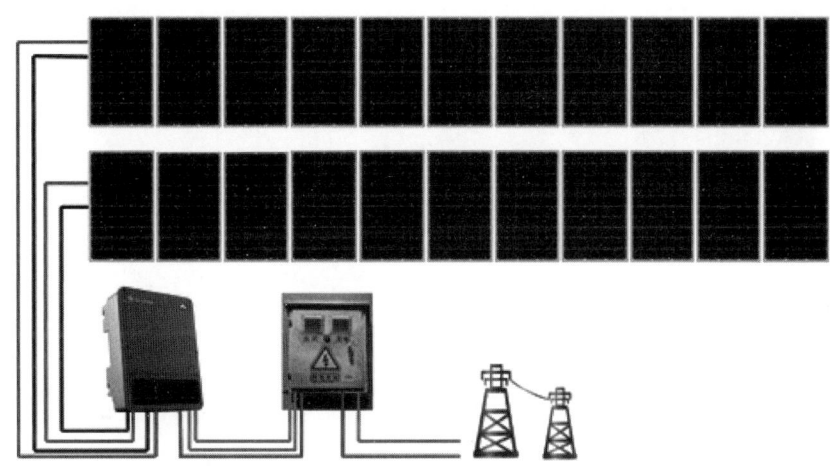

图 4-4 组件逆变器接入方式

4.1.5 电缆

1. 直流侧电缆

直流电缆多为户外铺设,须防潮、防晒、防寒、防紫外线等,因此分布式光伏系统中的直流电缆一般选择光伏认证的专用电缆,考虑到直流插接件和光伏组件输出电流,目前常用的光伏直流电缆为 PV1-F1×4mm²。PV1-F1×4mm² 光伏直流电缆如图 4-5 所示。

图 4-5 PV1-F1×4mm² 光伏直流电缆

2. 交流侧电缆

交流电缆主要用于逆变器交流侧至交流汇流箱或交流并网柜,可选用 YJV 型电缆。长距离铺设还要考虑到电压损失和载流量大小,6kW 单相交流电缆推荐使用 YJV-3×6mm²。交流电缆选型对比见表 4-2。

4.1.6 配电箱的选择

户用配电箱电气原理图如图 4-6 所示。

表 4-2　　　　　　　　PV1-F1×4mm² 光伏直流电缆对比

交流电缆	图　例	对　比
YJV 电缆（交联聚乙烯绝缘电力电缆）		推荐使用 YJV-0.6/1kV 3×6mm²，双重绝缘，机械强度高，工作温度高，寿命较长；耐温，耐压，耐腐蚀/环保上都优于 BV 电缆
BV 电缆（聚氯乙烯绝缘铜芯线-单芯单股硬线）		单层绝缘，相对 YJV，最高工作温度较低，自然载流量也较低，机械强度低，寿命短
BVR 电缆（聚氯乙烯绝缘铜芯线-单芯多股软铁）		

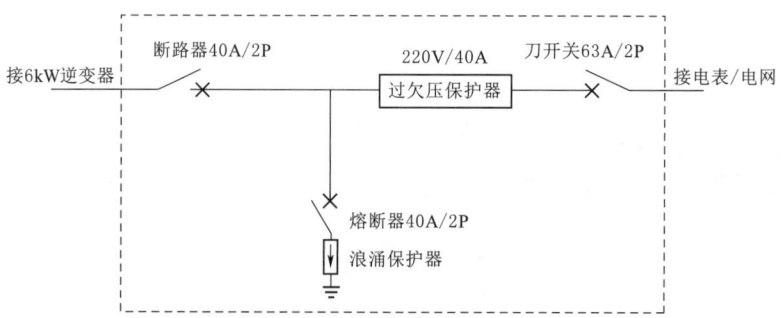

图 4-6　户用配电箱电气原理图

户用配电箱电气内部电气接线图如图 4-7 所示。

图 4-7　户用配电箱电气内部电气接线图

1. 断路器

断路器的一端接逆变器，一端接电网侧。交流断路器一般选择逆变器最大交流输出电流的 1.25 倍以上，6kW 逆变器交流正常工作时最大输出电流为 27.3A，即至少选择 40A 的断路器。

2. 熔断器

当浪涌保护器被雷电击穿失效，从而造成系统接地短路故障时，为切断短路电流，需要在浪涌保护器加一组熔断器，熔断器的选择跟断路器相同，选用 40A 的规格。熔丝烧断要及时更换，可用断路器代替，断路器有瞬时电流保护功能，跳闸后可以手动复位，不必更换元件。

3. 浪涌保护器（SPD）

项目选用限压型 SPD，2P 的浪涌保护器，选择规格：U_c 为 385V，$I_{max} \geqslant 20kA$，$I_n \geqslant 10kA$，$U_p \leqslant 1.5kV$。

4. 过欠压保护器

过欠压保护器能够自动检测线路电压，当线路中过电压和欠电压超过规定值时能够自动断开。项目使用的自复式过欠压保护器规格为工作电压 AC220V50Hz，额定电流 40A，过电压值 AC（270±5）V，欠电压值 AC（170±5）V，保护动作时间 $\leqslant$ 1s，延时接通时间 $\leqslant$ 1min。

5. 刀开关（隔离开关）

刀开关或隔离开关提供明显的断开点，可以保证后端检修和维护人员的安全。刀开关额定电流通常应大于断路器额定电流，项目选择额定电流为 63A 的隔离开关。

4.1.7 接地措施

防雷接地系统设计是光伏系统正常运行的关键，在房屋附近土层较厚、潮湿的地点挖 1.5m 深坑，根据供电公司要求，埋入 40mm×4mm 热镀锌扁钢或者 ϕ12mm 的热镀锌圆钢，需要时可添加降阻剂并引出地线，地线接到组件的支架上，同时组件边框也必须接到支架上，其综合工频接地电阻应小于 4Ω。防雷接地系统设计示意图如图 4-8 所示。

(a) 屋顶接地线外引方式　　　　　　　　(b) 引下线示意图

图 4-8　防雷接地系统设计示意图

4.1.8 设计方案及材料清单表

1. 设计方案

项目设计方案及设备配置示意图如图4-9所示。

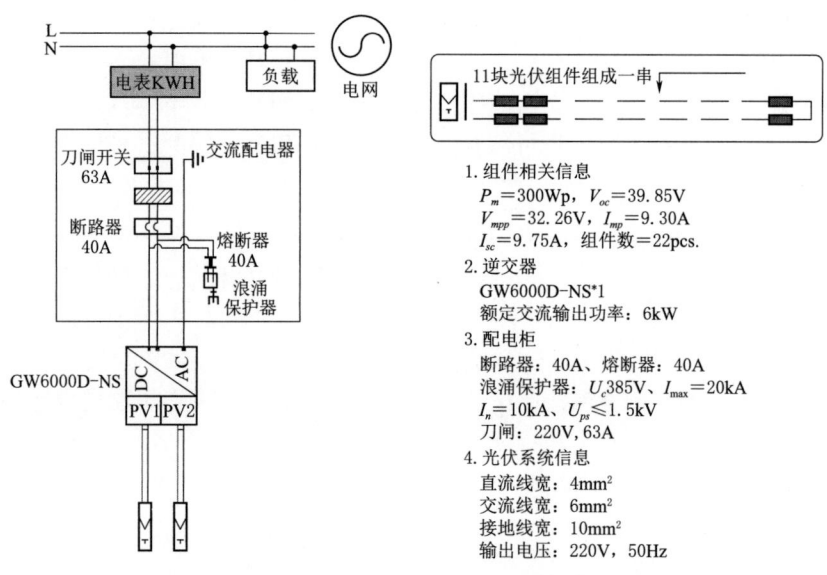

图4-9 项目设计方案及设备配置示意图

2. 材料清单

材料清单表见表4-3。

表4-3 材 料 清 单 表

序号	商品名称	技术参数及配置	计量单位	数量
1	太阳能电池板	峰值功率300W，开路电压39.85V	块	22
2	光伏并网逆变器 GW6000D-NS	组件接入6~7.2kW，交流输出电压220V，额定交流输出功率6kW	台	1
3	交流配电箱	含空开、自复式过欠压开关、熔断器及浪涌保护器、刀闸	台	1
4	支架	3m导轨16根，中压块40个，边压块8个，挂钩及紧固件若干	组	与组件配套
5	光伏直流电缆	PV1-F-1×4mm^2	m	100
6	交流电缆	YJV-3×6mm^2	m	100
7	接地电缆	BVR-10mm^2	m	100
8	接地装置	接50mm×5mm地扁钢或ϕ12mm圆钢	根	1
9	监控方案	GPRS模块	个	1
10	电能表	全额上网模式 单相电能表（供电公司提供）	个	1

4.1.9 收益计算

依据前述系统各参数可估计系统总发电量,系统参数为:装机容量6.6kW,$PR=80\%$,全年发电量估值为1200h,首年发电量为6336kW·h。首年功率衰减为2.50%,第25年末最低功率为80.00%。

表4-4 项目发电量估算表

运行时间/年	功率衰减/%	年末功率/%	年发电量/(kW·h)	累计发电量/(kW·h)
1	2.50	97.50	6336	6336
2	0.73	96.77	6177.6	12513.6
3	0.73	96.04	6131.4	18645
4	0.73	95.31	6085.2	24730.2
5	0.73	94.58	6039	30769.2
6	0.73	93.85	5992.8	36762
7	0.73	93.13	5946.6	42708.6
8	0.73	92.40	5900.4	48609
9	0.73	91.67	5854.2	54463.2
10	0.73	90.94	5808	60271.2
15	0.73	87.29	5577	88618.2
20	0.73	83.65	5346	115810.2
25	0.73	80.00	5115	141847.2

4.2 实 例 二

近年来通过屋顶租赁等模式,家庭光伏发电规模逐渐扩大。这种模式发展到一定阶段对电网的稳定运行带来挑战,尤其对配电网的消纳能力和新能源的功率波动问题影响更大。为解决这些问题,家庭储能逐渐受到国内的关注。

家庭储能实现能量的储存和搬移,减少光伏发电对电网的冲击,并降低家庭的电费支出。通过将多余的光伏发电能量存储起来,在需要的时候释放出来使用,可以平衡电网负荷,减少对电网的压力。

4.2.1 设计选型阶段

对房屋进行探勘后,根据屋顶面积排布出光伏组件,计算出光伏组件容量,同时定好电缆放线位置和逆变器、电池、配电箱的位置;这里主要的设备有光伏组件、储能逆变器、储能电池。

1. 光伏组件

项目采用高效单晶组件560W,具体参数如图4-10所示。

整个屋顶使用了10块组件,总容量为5.6kW,一路接入逆变器直流侧,屋顶排布图如图4-11所示。

第4章 设计实例

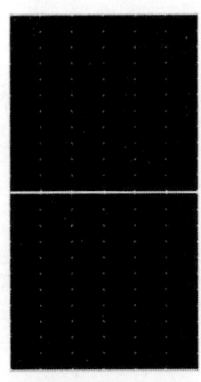

编号	名称	单位	参数
1	峰值功率	W	560
2	开路电压V_{oc}	V	51.61
3	短路电流I_{sc}	A	13.94
4	工作电压V_{mppt}	V	43.46
5	工作电流I_{mppt}	A	12.89
6	组件效率	%	21.7
7	峰值功率温度系数	%/℃	−0.290
8	开路电压温度系数	%/℃	−0.230
9	首年功率衰降	%	1.5
10	第25年功率衰降	%	11.1

图4-10 光伏组件参数

图4-11 屋顶排布图

2. 储能逆变器

项目选用储能逆变器GW5000-ES-20,具体参数如图4-12所示。

GW5000-ES-20			
光伏输入参数		并网输出参数	
最大直流输入功率	7500W	额定并网输出功率	5000W
最大直流输入电压	600V	最大并网输出功率	5500W
MPPT电压范围	60~550V	额定并网电压	220/230V
输入电流	16A/16A	输出电压频率	50Hz
输入路数	1/1	最大并网输出电流	22.7A
电池输入参数		离网输出参数	
电池类型	LiFePO$_4$	离网额定输出功率	5000W
额定电池电压	48V	离网最大输出功率	5500W
最大充电/放电电流	120A	额定电压	220/230V
最大充电/放电功率	5000W	最大输出电流	22.7A

图4-12 储能逆变器具体参数

该储能产品具备外观精美、操控简单、超静音、多种工作模式、UPS 级切换、4G 通信等多个优点。

3. 储能电池

储能逆变器相匹配的电池方案（含 BMS），该电池是一种用于家庭的低压储能锂电池，安全可靠，可安装在户外，具体参数如图 4-13 所示。

Lynx HomeU系列的2*LXU5.4-20	
技术参数	技术要求
电池类型	磷酸铁锂
电池系统容量	10.8kW·h
额定电压	51.2V
额定充放电电流	100A
通信方式	CAN
重量	57kg×2
尺寸（宽×厚×高）	505mm×175mm×570mm
安装方式	壁挂、落地

图 4-13 储能电池具体参数

4.2.2 系统安装调试阶段

项目系统图如图 4-14 所示。

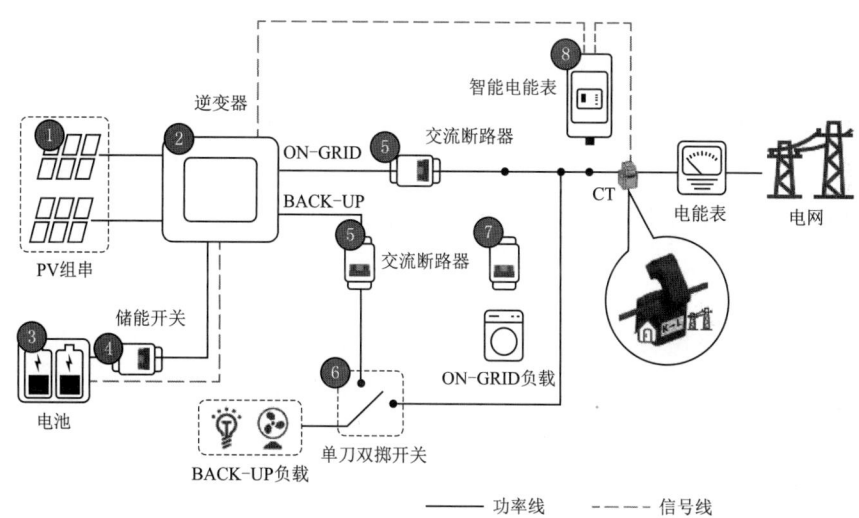

图 4-14 项目系统图

储能逆变器接口示意图如图 4-15 所示。

当整套系统安装完毕，就进入了调试阶段。

4.2.2.1 工作模式设定

1. 通用模式

减少电网依赖，降低买电量。通用模式下，光伏发电优先供给负载，其次给电池充

第4章 设计实例

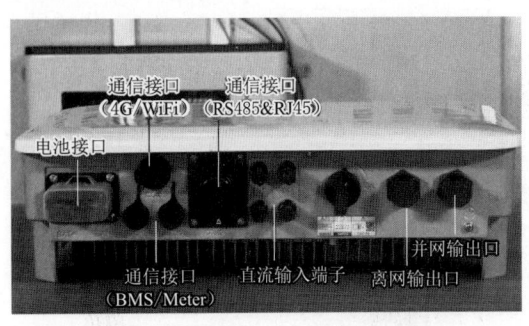

图4-15 储能逆变器接口示意图

电,最后多余的电量可以并网。光伏发电量较低时,优先电池放电补充。

2. 经济模式

适用于峰谷电价差较大的地区。选择经济模式,可以设置四组不同的电池充放电时间和功率,并指定充放电时间,在电价较低的时候逆变器给电池充电,在电价较高时电池进行放电,同时可对充放电功率百分比及一周内循环次数进行设置。经济模式示意图如图4-16所示。设置时间示意图如图4-17所示。

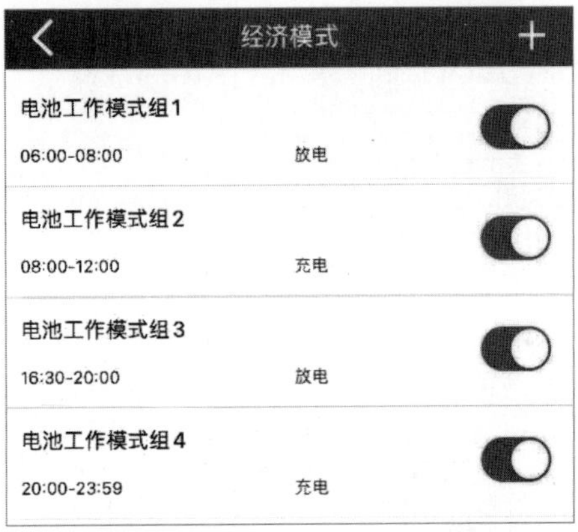

图4-16 经济模式示意图

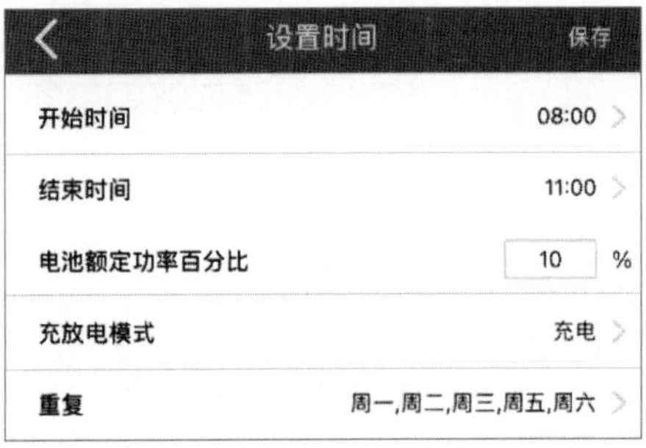

图4-17 设置时间示意图

3. 备用模式

适用于电网不稳定的地区。备用模式下可设置电池放电深度,预留电量可在离网时使用。高级设置示意图如图4-18所示。

4. 离网模式

离网模式下储能系统可正常运行,光伏发电依次给负载使用及电池充电,逆变器不发电或发电量不够使用时,电池会放电供负载使用。

4.2.2.2 云端电站设置

功率曲线示意图如图4-19所示。

发电量及效益示意图如图4-20所示。

能量统计示意图如图4-21所示。

能量流图示意图如图4-22所示。

4.2.3 应用场景拓展

1. 电池扩展方案

电池扩展方案示意图如图4-23所示。

图4-18 高级设置示意图

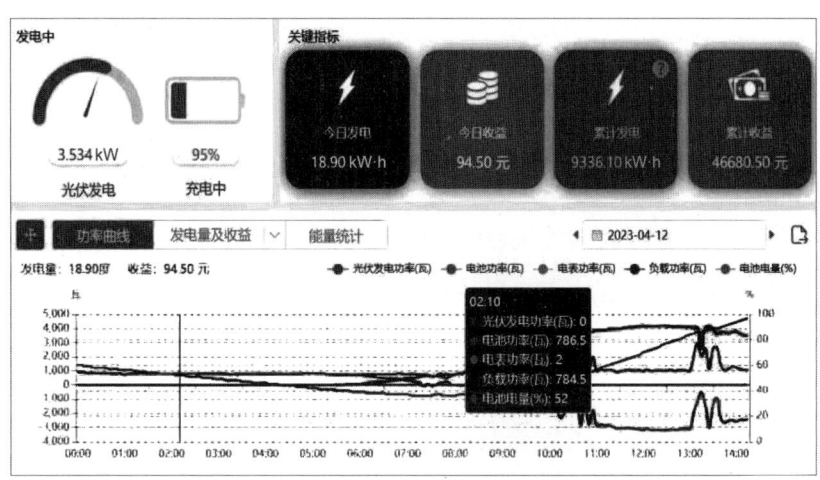

图 4-19　功率曲线示意图

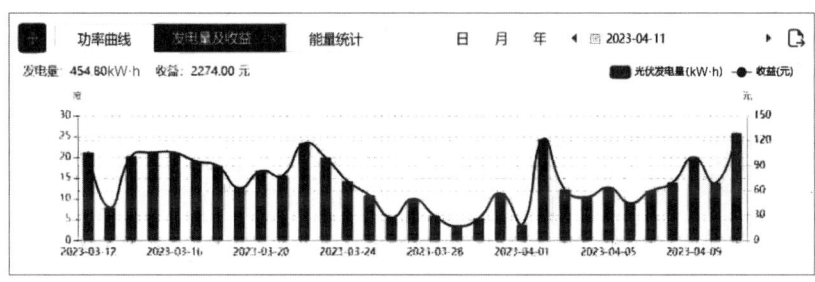

图 4-20　发电量及效益示意图

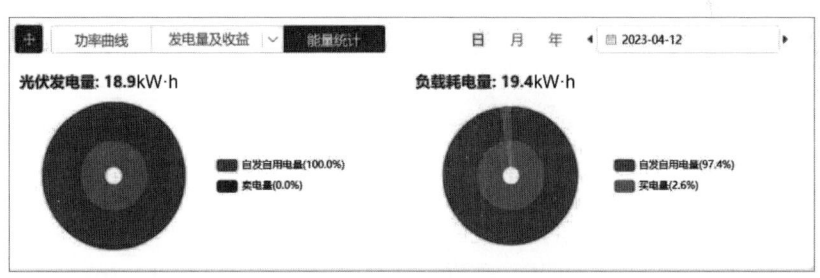

图 4-21　能量统计示意图

ES G2 单台最多可支持 6 节 Lynx U5.4-20 电池并联，储能容量最多可提升至 32.4kW·h，满足用户多天用电的需求。

2. 离网并联方案

ES G2 可以实现并网端、离网端的并联，尽管 ES G2 的单机功率只有 5kW，但是通过 ES G2 的并联，可以实现离网负载，可带大功率的负载（最大 15kVA）。离网并联方案示意图如图 4-24 所示。

3. "光储柴微"电网方案

"光储柴微"电网方案可以接 4 个电源，光伏、储能电池、柴油发电机和电网，是目

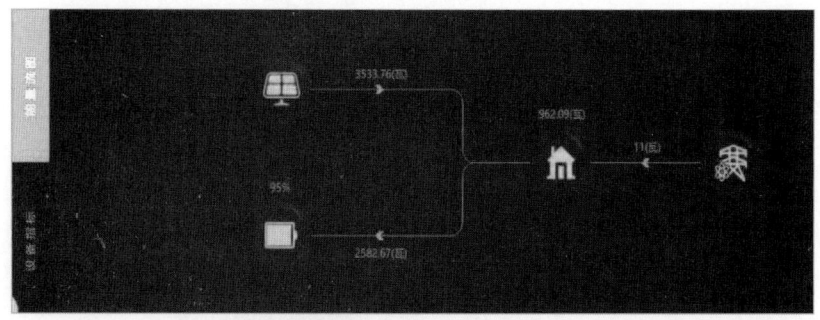

图 4-22 能量流图示意图

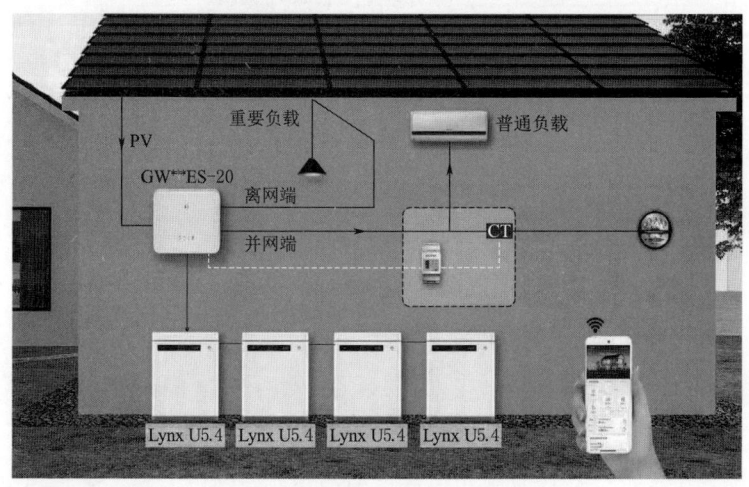

图 4-23 电池扩展方案示意图

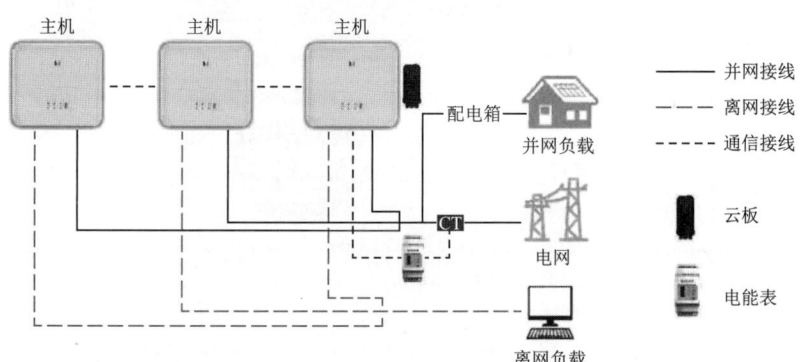

图 4-24 离网并联方案示意图

前可行的最完备、最可靠的供电方案之一；正常工作状态下无电网接入，柴发待启动状态，负载主要由光伏＋储能供电；当负荷出现大的波动以及储能电量耗尽时，由逆变器给柴发启动信号，柴油发热启动后，正常给负载和储能电池供电；如电网正常工作，此时柴发处于停机状态，由电网给负载和储能电池供电。"光储柴微"电网方案示意图如图 4-25 所示。

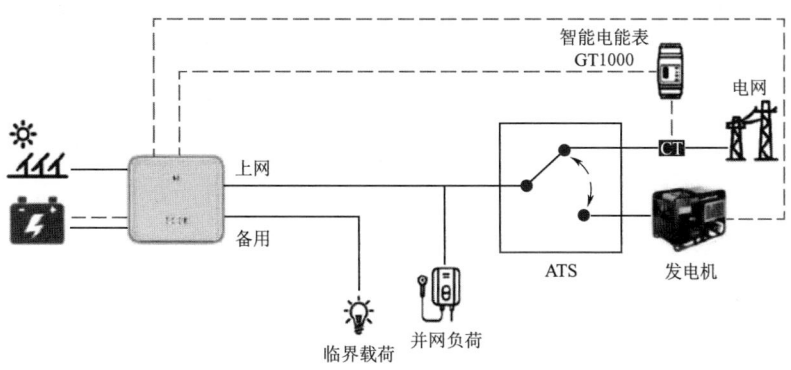

图4-25 "光储柴微"电网方案示意图

"光储柴微"电网方案也可以应用于无电网切换的"光储柴"场景。

4. 家庭"光储"充方案

随着电动汽车行业的发展和普及,家庭的电动汽车越来越多,大概每天充电需求为5~10kW·h(按充电1kW·h可以行驶5km计算),刚好可以在夜间把储能的电量释放出来,满足电车充电的需求,同时缓解用电高峰时段电网的压力。家庭"光储"充方案示意图如图4-26所示。

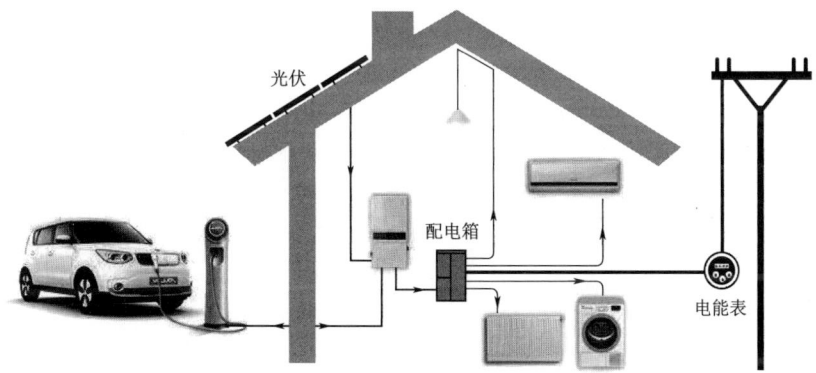

图4-26 家庭"光储"充方案示意图

第2篇　储能技术

第5章 储能概况

储能是将电能等形式的能量，通过不同的媒介以一定的形式进行存储，并在需求时将其释放做功发电的技术。储能技术是推动世界能源清洁化、电气化和高效化，破解能源资源和环境约束，实现全球能源转型升级的核心技术之一。

储能技术是解决以风、光为主的新能源系统波动性、间歇性的有效技术。未来能源系统将是以新能源为主体、多种形式能源共同构成的多元化能源系统。风力发电、光伏发电本身的波动性和间歇性决定了以新能源为主体的新型电力系统灵活性特征。从技术属性来看，储能能够满足以新能源为主体的新型电力系统对灵活性的需求。

政策层面，国家发展改革委和国家能源局启动了对储能发展的整体规划部署，密集出台了一系列储能相关政策。2022年2月，国家发展改革委、国家能源局印发的《"十四五"新型储能发展实施方案》提出，到2025年，新型储能由商业化初期步入规模化发展阶段，具备大规模商业化应用条件；到2030年，新型储能全面市场化发展，全面支撑能源领域碳达峰目标如期实现。因此，储能是实现可再生能源规模应用和构建以新能源为主体的新型电力系统、实现"双碳"目标的关键核心技术。

5.1 储能发展概况

5.1.1 国外储能发展现状

根据美国能源部全球储能数据库（DOE Global Energy Storage Database）所公布的2020年统计资料，全球储能技术总装机容量约为192GW，各项技术装机容量占比如图5-1所示，从中可见抽水蓄能总装机容量最大。至于项目数量则是电化学储能最多，其中又以锂离子电池为首。

5.1.2 国内储能发展现状

国内储能技术装机容量占比与项目数量占比分别如图5-2和图5-3所示，2020年总装机容量约32GW，其中抽水蓄能占比较全球统计更高，且在这份统计资料中国内并未出现飞轮储能、储氢以及液态空气储能等三项。由国家发展改革委于2021年7月15日最新发布的《关于加快推动新型储能发展的指导意见》（发改能源规〔2021〕1051号）（后简称《指导意见》）可知国内储能技术的进展及未来的发展改革方向。《指导意见》除了完善

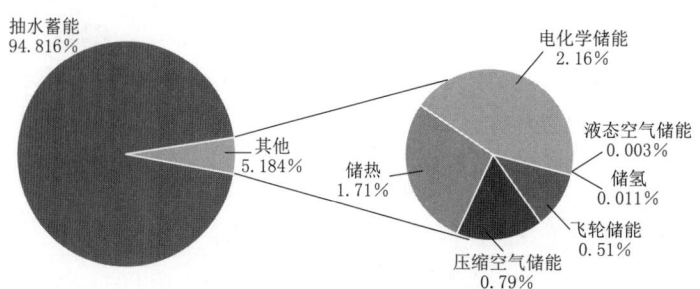

图 5-1 全球储能技术装机容量占比

政策机制、营造健康市场环境，也明确指出坚持储能技术多元化，推动锂离子电池等相对成熟新型储能技术成本持续下降和商业化规模应用，实现压缩空气、液流电池等长时储能技术进入商业化发展初期，加快飞轮储能、钠离子电池等技术开展规模化试验示范，以需求为导向，探索开展储氢、储热及其他创新储能技术的研究和示范应用。

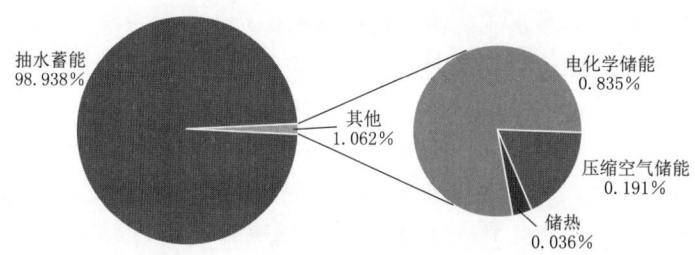

图 5-2 国内储能技术装机容量占比

5.1.3 储能技术的评价标准

截至目前，尚没有一种储能技术可以满足新能源电网并网的所有需求。由于工作原理和应用场景的不同，各储能技术优势和局限性也不尽相同。2020 年 1 月 16 日，国家能源局综合司、应急管理部办公厅、国家市场监督管理总局办公厅联合制定了《关于加强储能标准化工作的实施方案》，进一步推动落实《关于促进储能技术与产业发展的指导意见》（发改能源〔2017〕1701 号），加强储能标准化建设工作，发挥标准的规范和引领作用，以促进储能产业高质量发展。产业发展，标准先行。

在结合大规模储能技术的需求和前人研究的基础上，概括了评价与比较储能技术和产品的 4 个评价标准，即安全性、成本、技术性能、环境友好性。储能技术评价标准如图 5-4 所示。

1. 安全性

全生命周期内，储能系统在正常使用条件下和偶然事件发生时，仍保持良好的状态并对人身不构成威胁。安全性是储能技术评价的第一要素，也是基本要素。储能应用不同于移动通信、电子产品和汽车等领域的电池应用，最主要的区别是其规模大，电池数量多且集中，控制复杂，并且投资巨大，一旦发生安全问题，造成的损失巨大。因此，安全性必须作为评价电池储能的首要指标，一方面业内要加强安全标准的制定；另一方面要开发更加安全的储能本体、安控系统等。

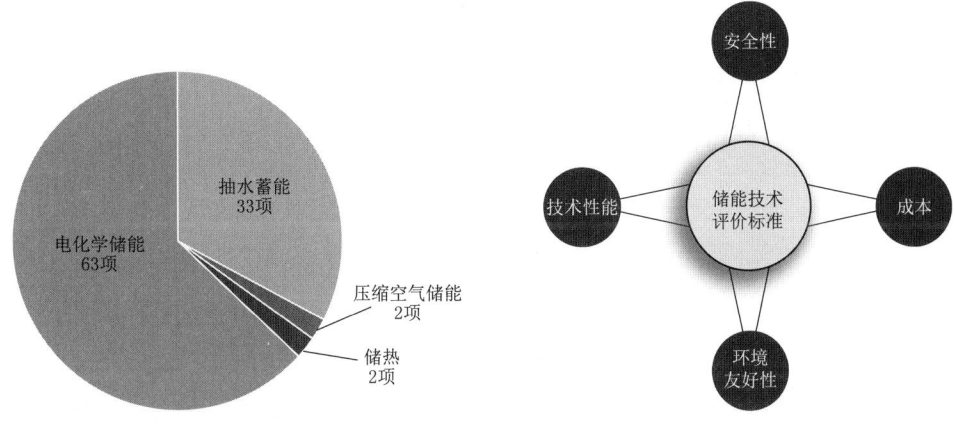

图 5-3 国内储能技术项目数量占比 　　图 5-4 储能技术评价标准

2. 成本

储能系统全生命周期内，度电成本（针对容量型储能应用场景，连续储能时长不低于 4h）和里程成本（针对功率型储能应用场景，连续储能时长 15~30min）。储能系统的成本及经济效益，是决定其是否能产业化及规模化的重要因素。储能技术只有在安全基础上实现低成本化，才可以具备独立的市场地位，成为现代能源架构中不可或缺的一环。目前的电池储能技术中，磷酸铁锂电池、全钒液流电池、钠硫电池和铅蓄电池度电成本在 0.61~0.95 元/(kW·h)，距离规模应用的目标成本 0.3~0.4 元/(kW·h) 仍有差距。

（1）度电成本计算式为

$$度电成本 = \frac{安装成本 + 运行成本}{循环寿命 \times 放电深度 \times 系统能量效率 \times 等效容量保持率}$$

（2）里程成本计算式为

$$里程成本 = \frac{总投资}{总调频里程}$$

$$= \frac{安装成本 + 运行成本}{有效调频响应次数 \times 调频出力系数} \times \frac{1}{系统能量效率 \times 有效\ AGC\ 调频响应次数}$$

3. 技术性能

满足用户需求的储能装备所具备的基本性能，如容量、功率、响应时间、循环次数、寿命、充放电效率等因素。目前，储能应用场景众多，已涵盖电力系统发、输、配、用各个环节，由于发挥的作用不同，对储能装备的需求也各不相同。例如，从发电侧看，储能应用场景包括能量时移、容量机组、负荷跟踪、系统调频、备用容量、可再生能源并网等 6 类。能量时移和容量机组起削峰填谷的作用，对充放电功率、时间、年运行频率、响应速度要求较低，而负荷跟踪、系统调频、备用容量则是典型的功率型应用。为解决传统能源发电速度慢的问题，需要储能系统的响应速度快、年运行频率高。可再生能源发电既有功率型应用也有能量型应用，对光伏来说，由于其不连续性，需要将白天的多余电量储存至晚上释放，属于可再生能源的能量时移。对于风电来说，由于其波动较大，需要将其平滑,因而以功率型应用为主。

4. 环境友好性

全生命周期的环境负荷低。对于储能技术,一方面要减少储能系统在建设和使用过程中对环境的破坏;另一方面要做好储能系统中材料的回收再利用。

评价储能技术的指标是相互关联的,成本在很大程度上制约着储能的大规模应用,而成本下降主要依靠关键技术突破(储能本体的可靠性、性能的合理优化配置)和规模化生产,成本下降和技术突破的同时仍需保证其安全性。因此,需要对各种储能技术的具体特性进行综合评价,根据应用领域选出合适的技术。

5.2 分类及其特点

储能技术简而言之就是将多余的能量储存,并在有需求时释放能量的技术。目前已有的储能技术分为机械储能、热储能、电磁储能、电化学储能和化学储能,储能技术分类如图 5-5 所示。

5.2.1 储能系统分类

应用不同场合与需求可选择不同的储能系统,根据储能技术的原理及存储形式差异可将储能系统分为抽水蓄能、飞轮储能、压缩空气储能、超导磁储能、重力储能、电化学储能及氢储能。

5.2.1.1 抽水蓄能

1. 原理及特点

抽水蓄能是目前应用最广、技术最为成熟的大规模储能技术,具有储能容量大、功率大、成本低、效率高等优点。抽水蓄能系统的基本组成包括两处位于不同海拔高度的水库、水泵、水轮机以及输水系统

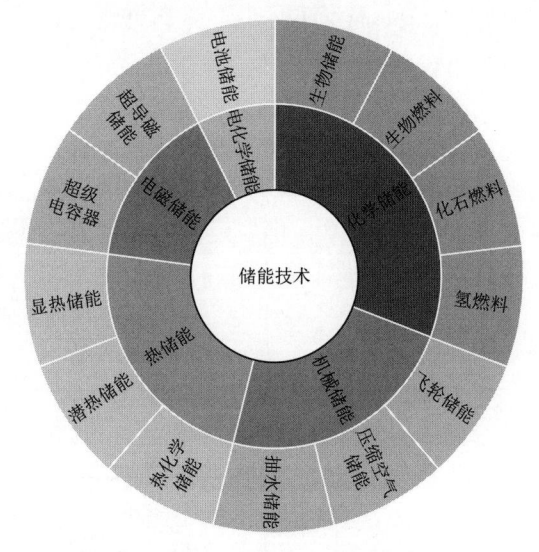

图 5-5 储能技术分类

等。当电力需求低时,利用电能将下水库的水抽至上水库,将电能转化成势能存储;当电力需求高时,可释放上水库的水,使之返回下水库以推动水轮机发电,进而实现势能与电能间的转换。

2. 缺点

抽水蓄能的储能容量大,需要找寻庞大的场地以修建水库,对地理条件有一定要求,因而建设成本高、时间长,且易对周遭环境造成破坏,这是抽水蓄能技术最主要的缺点。

抽水蓄能工作原理图如图 5-6 所示。

5.2.1.2 飞轮储能

1. 原理及特点

飞轮储能装置是一个机电系统,可将电能转化为旋转动能进行存储,主要是由电机、

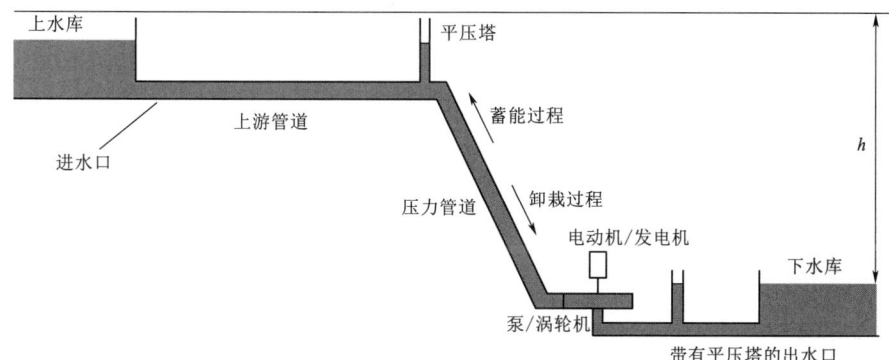

图 5-6 抽水蓄能工作原理图

轴承、电力电子组件、旋转体和外壳构成。储能时,电动机带动飞轮转动,电能转为飞轮的动能;释放能量时,同一电动机可充当发电机,将动能转为电能释出。飞轮系统的总能量取决于转子的尺寸和转动速度,额定功率取决于电动发电机。飞轮储能的主要特点是寿命长、可循环充放电数十万次、寿命可超过 20 年,且响应速度快、效率高(90%~95%)、功率密度高、对环境较为友善等。

2. 缺点

相较其他储能系统,目前飞轮储能存在储能容量小、持续放电时间短等问题,因此,较不适用于能量管理。

飞轮储能装置及其工作原理图如图 5-7 所示。

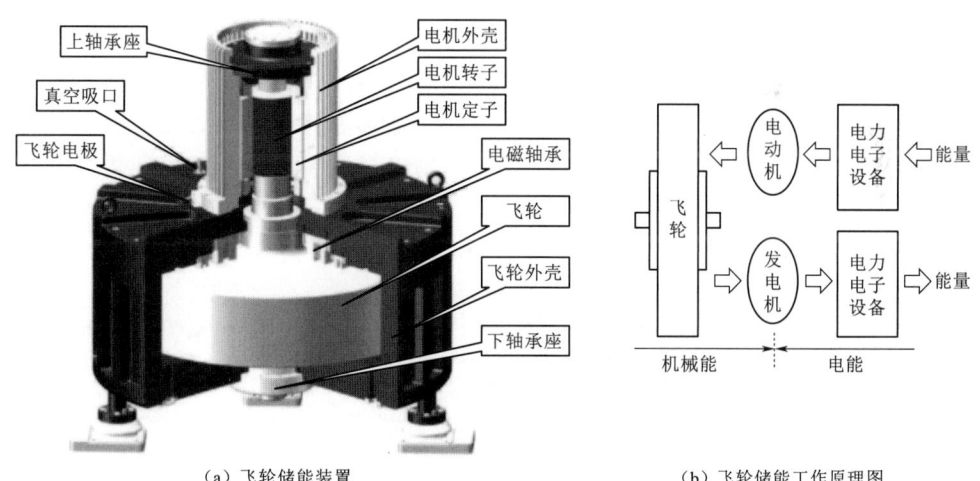

(a)飞轮储能装置　　　(b)飞轮储能工作原理图

图 5-7 飞轮储能装置及其工作原理图

5.2.1.3 压缩空气储能

1. 原理及特点

压缩空气储能是一种基于燃气轮机发展而产生的储能技术,以压缩空气的方式储存能量,当电力富余时,利用电力驱动压缩机,将空气压缩并存储于腔室中;当需要电力时,释放腔室中的高压空气(膨胀机)以驱动发电机产生电能。

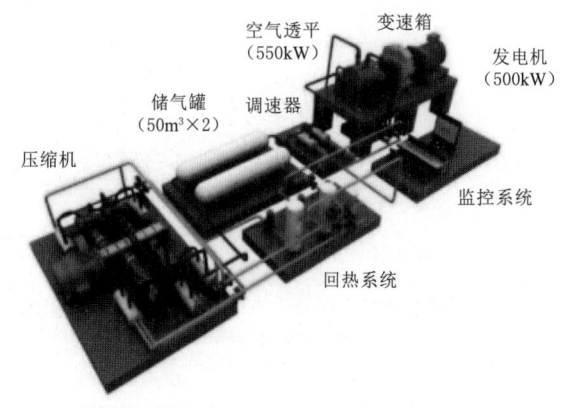

图 5-8 压缩空气储能系统

2. 缺点

传统的压缩空气储能系统在减压释能时须补充燃料燃烧，此时也会产生污染物。此外，大型压缩空气储能系统须找寻符合条件的地下洞穴用以储存高压空气，其相当依赖特殊地理条件。以上都是传统压缩空气储能系统面临的问题与挑战。

压缩空气储能系统如图 5-8 所示。压缩空气储能工作原理图如图 5-9 所示。

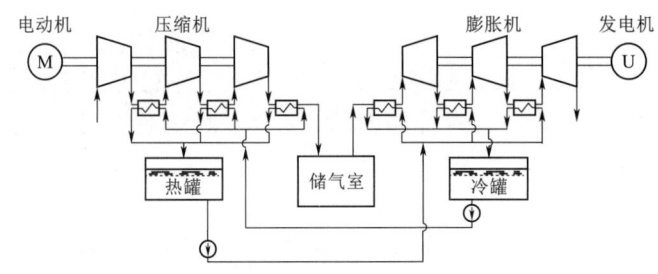

图 5-9 压缩空气储能工作原理图

5.2.1.4 超导磁储能

1. 原理及特点

超导磁储能是目前唯一可将电能直接存储为电流的技术，可将电能以直流电流的形式存储于由超导材料制成的环形电感器中，几乎实现电流零损耗。它主要是利用电极（集电板）/电解质界面电荷分离所形成的双电层，或借助电极表面、内部快速的氧化还原反应所产生的法拉第"准电容"来实现电荷和能量的储存的。超导磁储能功率密度高，可达 500～2000W/kg，典型的额定功率为 1～10MW，储能效率高（＞97%），响应速度快。

2. 缺点

目前这项储能技术发展较为缓慢，主要受限于超导材料和实现低温强磁场系统的成本过高，且储能容量较小、存储时间短（数秒）。

超导磁储能工作原理图如图 5-10 所示。

5.2.1.5 重力储能

重力储能介质主要分为水和固体物质，基于高度落差对储能介质进行升降来实现储能系统的充放电过程。除较成熟的抽水蓄能外，主流重力储能方式为 Energy Vault（EV）提出的储能塔，其利用起重机将混凝土块堆叠成塔，通过混凝土块的吊起和吊落进行储能和释能。根据 EV 官网信息，其储能塔能源效率可达 90%，可以在 8～16h 内以 4～8MW 连续功率放电，实现对电网需求的高速响应。优点是风险小，易于扩展，储能效率高；缺点也很明显，后期维护成本高。

重力储能工作原理图如图 5-11 所示。

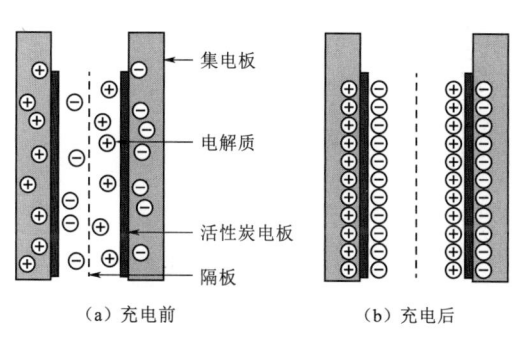

图 5-10　超导磁储能工作原理图

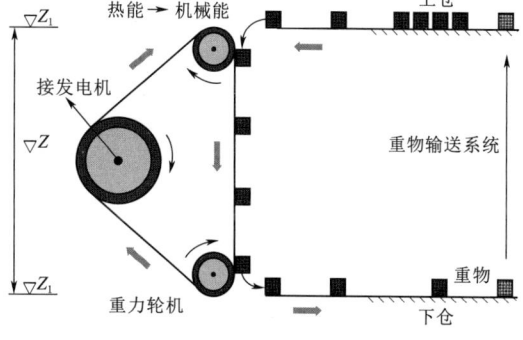

图 5-11　重力储能工作原理图

5.2.1.6　电化学储能

电化学储能包含多种储能技术，例如锂离子电池、超级电容、液流电池、铅酸电池、钠硫电池等，不同的储能技术有其各自特点，其中，电池储能的优势体现在灵活性及可扩充性。

1. 锂离子电池

锂离子电池在电子产品与电动汽车领域已有较多应用。锂离子电池能量密度高，循环寿命约为10000次，特定情况下库伦效率可接近100%，且没有记忆效应，目前制造成本随着新能源汽车市场的规模效应而不断下降。储能电池一般用于通信基站、电网、微电网等场合，因此，其更注重安全性、寿命与成本。目前，锂离子电池是国内外电化学储能项目占比最大者。

2. 超级电容

超级电容的优点包括充放电速度快、功率密度高、循环使用寿命长、环境友好、工作温度范围宽等，其主要问题在于能量密度低、成本高。

超级电容的缺点是该技术仍处于探索阶段，在提高能量密度和降低成本方面仍有较大发展空间。

3. 液流电池

液流电池的特点是活性物质不在电池内，而是另外存储于罐中，电池仅是提供氧化还原反应的场所，因此储能容量不受电极体积的限制，可实现功率密度和能量密度的独立设计，使其具有丰富的应用场景。以全钒液流电池为例，循环寿命长、效率高、安全性好、可模块化设计、功率密度高，适用于大中型储能场景。

液流电池的缺点是制造成本较高，液流电池目前未得到大规模的应用，其中电解液与隔膜是成本较高的关键。

4. 铅酸电池

铅酸电池（VRLA）历史最为悠久，发展至今制造工艺较为成熟，成本较低，能源转换效率为70%～90%，适合改善电能质量、不间断电源和旋转备用等应用。铅酸电池是一种电极主要由铅及其氧化物制成，电解液为硫酸溶液的蓄电池。铅酸电池放电状态下，正极主要成分为二氧化铅，负极主要成分为铅；充电状态下，正、负极的主要成分均为硫酸铅。

铅酸电池的缺点是不环保，循环寿命低，仅有 500～2500 次。

铅酸电池原理示意图及结构图如图 5-12 所示。

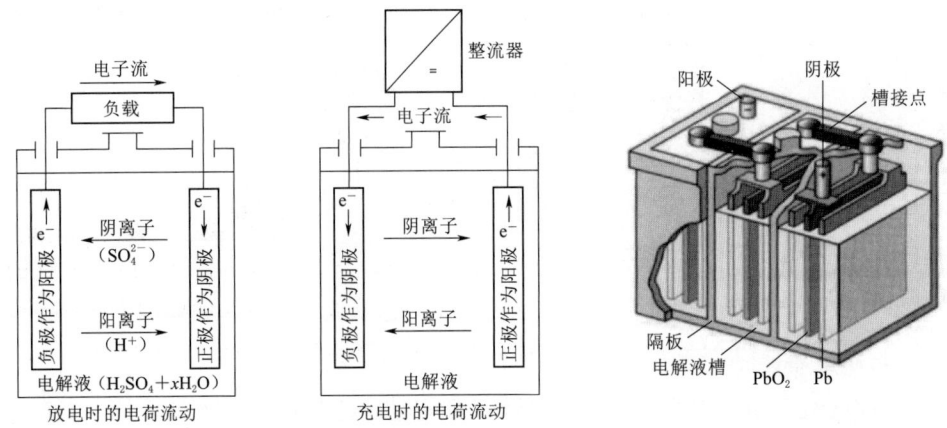

(a) 铅酸电池原理示意图　　　　　　(b) 铅酸电池结构图

图 5-12　铅酸电池原理示意图及结构图

5. 钠硫电池

钠硫电池理论能量密度高、充放电能效高、循环寿命长、原料成本低，且电池运行温度保持在 300～350℃。钠硫电池原理示意图如图 5-13 所示，中间的陶瓷隔膜为该电池的固体电解质，可传导钠离子，而电子则是流经外电路以构成电池回路。

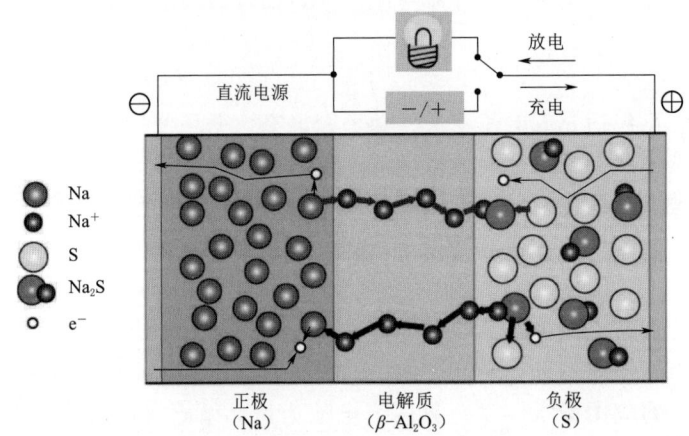

图 5-13　钠硫电池原理示意图

钠硫电池的缺点是陶瓷隔膜破碎导致钠和硫反应，释出大量热量容易造成事故，是制约钠硫电池的发展的首要因素，因此较低温度或室温钠硫电池的研发是未来的一个研究方向。

5.2.1.7　氢储能

氢储能具有以下主要优点：

(1) 能量高。除核燃料外，氢的发热值是目前所有燃料中最高的。

(2) 氢燃烧性能好，点燃快。

(3) 氢本身无色、无臭、无毒，十分纯净。

(4) 利用形式多，可以以气态、液态或固态金属氢化物出现，能适应贮运及各种应用环境的不同要求。氢储能的提出是受到燃料电池成功开发的影响。在能源供应中，燃料电池目前已经达到了可供实际使用的阶段。

氢储能的缺点是燃料电池仍在应用和研究中，存在着氢的制备、催化剂价格、氢气的储存等一些急需解决的问题。

5.2.2 单一储能和混合储能

单一储能受限较多，而混合储能系统（HESS）指的是几种不同类型的储能系统的混合应用，其共同点是将两种或多种类型的储能组合在一起形成一个单一的储能系统，换而言之是将具有不同优势的储能装置组成混合储能系统。单一储能和混合储能对比见表5-1。

表5-1 单一储能和混合储能对比

类型	优化目标	优化方法	是否考虑不确定性	应用场景
单一储能	降低电能成本 价格套利	智能算法	是	氢储能市场
	减少能量自耗	智能算法	否	并网的住宅光伏发电系统
	降低多主体的电力系统运行成本	博弈论 智能算法	是	配电网
	储能系统容量和运行策略优化	两阶段规划方法 概率统计方法 智能算法	是	带有风电场和热电厂的电力系统
混合储能	降低总成本 提高可靠性	混合整数规划	是	微电网 区域综合能源系统
	降低成本和环境影响提高稳定性、可靠性、安全性	多目标方法 概率统计方法	是	微电网
	满足可靠性要求 降低储能系统全生命周期成本	夹点分析 空间设计	是	基于光伏发电的孤岛电力系统
	提高平滑能力 满足稳定性要求	智能算法	是	独立混合电力系统
	提高可靠性 优化容量分布	智能算法	是	孤岛微电网
	降低总成本 满足稳定性要求	两阶段随机规划	是	配电网
	降低总成本	随机规划 概率统计方法	是	基于风电场的孤岛电力系统
	提高可再生能源利用率 提高电压稳定性	智能算法	是	孤岛微电网
	提高可靠性 优化容量分布	智能算法	是	孤岛微电网

5.3 储能系统设计

5.3.1 储能蓄电池

蓄电池组是光伏发电系统常见储能装置,作用是将光伏电池从太阳辐射能转换来的直流,再将电能转换为化学能储存起来,以供负载使用。光伏发电系统储能装置如图5-14所示。

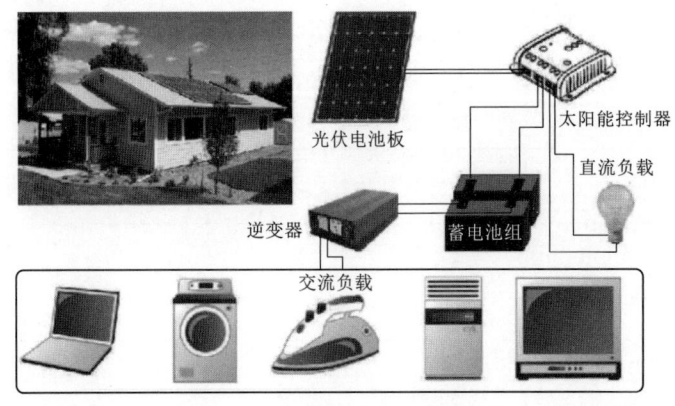

图5-14 光伏发电系统储能装置

光伏发电系统中与光伏电池方阵配套的蓄电池组通常是在半浮充电(浮充电为一种连续、长时间的恒电压充电方法)状态下长期工作,其电能量比用电负载所需要的电能量要大。因此,多数时间光伏电池是处于浅放电状态。当冬季和连阴天由于太阳辐射能减少而出现光伏电池向蓄电池组充电不足时,可启动光伏电站备用的电源——柴油发电机组,给蓄电池组补充充电,以保持蓄电池组始终处于浅放电状态。

固定式铅酸蓄电池性能优良、质量稳定、容量较大、价格较低,目前是我国光伏发电系统主要选用的储能装置。

5.3.1.1 铅酸蓄电池结构

铅酸蓄电池结构如图5-15所示,主要由正极板、负极板、隔板、电池槽、电池盖、电解液、正接线柱、负接线柱、安全阀等部分组成。

1. 正、负极板

蓄电池的充电过程是依靠极板上的活性物质和电解液中硫酸的化学反应来实现的。正极板上的活性物质是深棕色的二氧化铅(PbO_2),负极板上的活性物质是海绵状、青灰色的纯铅(Pb)。正、负极板的活性物质分别填充在铅锑合金铸成的栅架上,加入锑的目的是提高栅架的机械强度和浇铸性能。但锑有一定的副作用,锑易从正极板栅架中解析出来而引起蓄电池的自行放电和栅架的膨胀、溃烂,从而影响蓄电池的使用寿命。负极板的厚度为1.8mm,正极板的厚度为2.2mm,为了提高蓄电池的容量,国外大多采用厚度为1.1~1.5mm的薄型极板。另外,为了提高蓄电池的容量,将多片正、负极板并联,组成

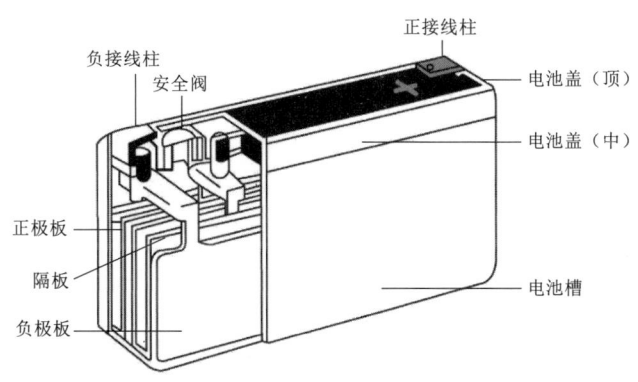

图 5-15 铅酸蓄电池结构

正、负极板组。在每单格电池中,负极板的数量总比正极板多 1 片,正极板都处于负极板之间,使其两侧放电均匀,否则因正极板机械强度差,单面工作会使两侧活性物质体积变化不一致,造成极板弯曲。

2. 隔板

为了减少蓄电池的内阻和体积,正、负极板应尽量靠近但彼此又不能因接触而短路,所以在相邻正负极板间加有绝缘隔板。隔板应具有多孔性,以便电解液渗透,而且应具有良好的耐酸性和抗碱性。隔板材料有木质、微孔橡胶、微孔塑料等。近年来,有些微孔塑料隔板被做成袋状,紧包在正极板的外部,以防止活性物质脱落。

3. 电池槽和电池盖

蓄电池的外壳是用来盛放电解液和极板组的,外壳应耐酸、耐热、耐震,以前多用硬橡胶制成。现在国内已开始生产聚丙烯塑料外壳。这种壳体不但耐酸、耐热、耐震,而且强度高、壳体壁较薄(一般为 3.5mm,而硬橡胶壳体壁厚为 10mm)、质量轻、外形美观、透明。壳体底部的凸筋用来支持极板组,并可使脱落的活性物质掉入凹槽中,以免正、负极板短路,若采用袋式隔板,则可取消凸筋以降低壳体高度。

4. 电解液

电解液的作用是使极板上的活性物质发生溶解和电离,产生电化学反应,传导溶液正负离子。它由纯净的硫酸与蒸馏水按一定的比例配制而成,电解液的相对密度一般为 1.24~1.30 (15℃)。

5. 正、负接线柱

蓄电池各单格电池串联后,两端单格的正、负极桩分别穿出蓄电池盖,形成蓄电池正、负接线柱,实现电池与外界的连接,传导电池、接线柱的材质一般是钢材镀银,正极标"+"号或涂红色,负极标"-"号或涂蓝色或绿色。

6. 安全阀

安全阀一般由塑料材料制成,对电池起密封作用,阻止空气进入,防止极板氧化。同时可以将充电时电池内产生的气体排出电池,避免电池产生危险。使用时必须将排气栓上的盲孔用铁丝刺穿,以保证气体溢出通畅。

5.3.1.2 铅酸蓄电池基本工作原理

蓄电池通过充电过程将电能转化为化学能,使用时通过放电将化学能转化为电能。铅

酸蓄电池充放电反应原理化学反应式为

$$PbO_2 + 2H_2SO_4 + Pb \rightleftharpoons 2PbSO_4 + 2H_2O \quad (5-1)$$

当铅酸蓄电池接通外电路负载放电时，正极板上的 PbO_2 和负极板的 Pb 都变成了 $PbSO_4$，电解液的硫酸变成了水；充电时，正、负极板上的 $PbSO_4$ 分别恢复为原来的 PbO_2 和 Pb，电解液中的水变成了硫酸。性能较好的蓄电池可以反复充放电上千次，直至活性物质脱落到不能再用。随着放电的继续进行，蓄电池中的硫酸逐渐减少，水分增多，电解液的相对密度降低；反之，充电时蓄电池中水分减少，硫酸浓度增大，电解液相对密度上升。大部分的铅酸蓄电池在放电后的密度为 $1.1 \sim 1.3 kg/cm^3$，充满电后的密度为 $1.23 \sim 1.3 kg/cm^3$，所以在实际工作中，可以根据电解液相对密度的高低判断蓄电池充放电的程度。这里必须注意，在正常情况下，蓄电池不要放电过度，不然将会使活性物质（正极的二氧化铅，负极的海绵状铅）与混在一起的细小硫酸铅结晶成较大的结晶体，增大了极板电阻。按规定，铅酸电池放电深度（即每一充电循环中的放电容量与电池额定电容量之比）不能超过额定容量的75%，以免在充电时，难以复原，缩短蓄电池的寿命。

5.3.1.3 铅酸蓄电池的基本概念

1. 蓄电池充电

蓄电池充电是指通过外电路给蓄电池供电，使电池内发生化学反应，从而把电能转化成化学能而存储起来的操作过程。

2. 过充电

过充电是指对已经充满电的蓄电池或蓄电池组继续充电。

3. 放电

放电是指在规定的条件下，蓄电池向外电路输出电能的过程。

4. 自放电

蓄电池的能量未通过外电路放电而自行减少，这种能量损失的现象叫自放电。

5. 活性物质

在蓄电池放电时发生化学反应从而产生电能的物质，或者说是正极和负极存储电能的物质统称为活性物质。

6. 放电深度

放电深度是指蓄电池在某一放电速率下，电池放电到终止电压时实际放出的有效容量与电池在该放电速率的额定容量的百分比。放电深度和电池循环使用次数关系很大，放电深度越大，循环使用次数越少；放电深度越小，循环使用次数越多。经常使电池深度放电，会缩短电池的使用寿命。

7. 极板硫化

在使用铅酸蓄电池时要特别注意的是：电池放电后要及时充电，如果蓄电池长时期处于亏电状态，极板就会形成 $PbSO_4$ 晶体，这种大块晶体很难溶解，无法恢复原来的状态，将会导致极板硫化无法充电。

8. 相对密度

相对密度是指电解液与水的密度的比值。相对密度与温度变化有关，25℃时，充满电的电池电解液相对密度值为 $1.265g/cm^3$，完全放电后降至 $1.120g/cm^3$。每个电池的电解液密度都不相同，同一个电池在不同的季节，电解液密度也不一样。大部分铅酸蓄电池的密度在 $1.1\sim1.3g/cm^3$ 范围内，充满电之后一般为 $1.23\sim1.3g/cm^3$。

5.3.1.4 铅酸蓄电池常用技术术语

1. 蓄电池的容量

处于完全充电状态下的铅酸蓄电池在一定的放电条件下，放电到规定的终止电压时所能给出的电量称为电池容量，以符号 C 表示。电池容量的常用单位是 A·h。通常在 C 的下角处标明放电时率，如 C_{10} 表明是 10 小时放电率的放电容量，C_{60} 表明是 60 小时放电率的放电容量。电池容量分为实际容量和额定容量。实际容量是指电池在一定放电条件下所能输出的电量。额定容量（标称容量）是按照国家或有关部门颁布的标准，在电池设计时要求电池在一定的放电条件下（如在 25℃ 环境下以 10 小时放电率电流放电到终止电压）应该放出的最低限度的电量值。

2. 放电率

根据蓄电池放电电流的大小，放电率分为时间率和电流率。时间率是指在一定放电条件下，蓄电池放电到终了电压时的时间长短，常用时率和倍率表示。根据 IEC 标准，放电的时间率有 20 小时放电率、10 小时放电率、5 小时放电率、3 小时放电率、1 小时放电率、0.5 小时放电率，分别表示为 20h、10h、5h、3h、1h、0.5h 等。电池的放电倍率越高，放电电流越大，放电时间就越短，放出的相应容量就越少。

3. 终止电压

终止电压是指蓄电池放电过程中，电压下降到不宜再放电时（非损伤放电）的最低工作电压。为了防止电池不被过放电而损害极板，在各种标准中都规定了在不同放电倍率和温度下放电时电池的终止电压。单体电池，一般 10 小时放电率和 3 小时放电率放电的终止电压为每单体 1.8V，1 小时放电率的终止电压为每单体 1.75V。由于铅酸蓄电池本身的特性，即使放电的终止电压继续降低，电池也不会放出太多的容量，但终止电压过低对电池的损伤极大，尤其当放电达到 0V 而又不能及时充电时将大大缩短蓄电池的寿命。对于光伏发电系统用的蓄电池，针对不同型号和用途，放电终止电压设计也不一样。终止电压视放电速率和需要而规定。通常，小于 10 小时的小电流放电，终止电压取值稍高一些；大于 10 小时的大电流放电，终止电压取值稍低一些。

4. 蓄电池电动势

蓄电池电动势在数值上等于蓄电池达到稳定时的开路电压。电池的开路电压是无电流状态时的电池电压。当有电流通过电池时所测量的电池端电压的大小将是变化的，其电压值既与电池的电流有关，又与电池的内阻有关。

5. 浮充寿命

蓄电池的浮充寿命是指蓄电池在规定的浮充电压和环境温度下，蓄电池寿命终止时浮充运行的总时间。

6. 循环寿命

蓄电池经历一次充电和放电，称为一个循环（一个周期）。在一定的放电条件下，电池使用至某一规定容量值之前，电池所能承受的循环次数，称为循环寿命。影响蓄电池循环寿命的因素是综合因素,它不仅与产品的性能和质量有关,而且还与放电倍率和深度、使用环境和温度及使用维护状况等外在因素有关。

7. 过充电寿命

过充电寿命是指采用一定的充电电流对蓄电池进行连续过充电,一直到蓄电池寿命终止时所能承受的过充电时间。其寿命终止条件一般设定为容量低于10小时放电率额定容量的80%。

8. 自放电率

蓄电池在开路状态下的储存期内,由于自放电而引起活性物质损耗,每天或每月容量降低的百分数称为自放电率。自放电率指标可衡量蓄电池的储存性能。

9. 电池内阻

电池内阻不是常数,而是一个变化的量,它在充放电的过程中随着时间不断地变化,这是因为活性物质的组成、电解液的浓度和温度都在不断变化。铅酸蓄电池的内阻很小,在小电流放电时可以忽略,但在大电流放电时,将会有数百毫伏的电压降损失,必须引起重视。蓄电池的内阻分为欧姆内阻和极化内阻两部分。欧姆内阻主要由电极材料、隔膜、电解液、接线柱等构成,也与电池尺寸、结构及装配因素有关。极化内阻是由电化学极化和浓差极化引起的,是电池放电或充电过程中两电极进行化学反应时极化产生的内阻。极化电阻不仅与电池制造工艺、电极结构及活性物质的活性有关,还与电池工作电流和温度等因素有关。电池内阻严重影响电池工作电压、工作电流和输出能量,因而内阻越小的电池性能越好。

10. 比能量

比能量是指电池单位质量或单位体积所能输出的电能,单位分别是 W·h/kg 或 W·h/L。比能量有理论比能量和实际比能量之分,理论比能量指 1kg 电池反应物质完全放电时理论上所能输出的能量;实际比能量为 1kg 电池反应物质所能输出的实际能量。由于各种因素的影响,电池的实际比能量远小于理论比能量。比能量是综合性指标,它反映了蓄电池的质量水平,表明生产厂家的技术和管理水平,常用比能量来比较不同厂家生产的蓄电池,该参数对于太阳能光伏发电系统的设计非常重要。

5.3.1.5 铅酸蓄电池型号识别

根据《铅酸蓄电池产品型号编制方法》(JB/T 2599)标准的有关规定,铅酸蓄电池的名称由单体蓄电池的格数、型号、额定容量、电池功能和形状等组成。蓄电池标号通常分为三段表示:第一段为数字,表示单体电池的串联数,每一个单体蓄电池的标称电压为 2V,当单体蓄电池串联数(格数)为 1 时,第一段可省略,6V、12V 蓄电池分别用 3 和 6 表示;第二段为 2~4 个英文字母,表示蓄电池的类型、功能和用途等。第三段表示 20 小时放电率电池的额定容量。蓄电池标号如图 5-16 所示。蓄电池常用英文字母的含义见表 5-2。

GFM-800 表示为 1 个单体电池,标称电压为 2V,固定式阀控密封型蓄电池,20 小时率额定容量为 800A·h。6-GFMJ-120 表示有 6 个单体电池串联,标称电压为 12V,固定式阀控密封型胶体蓄电池,20 小时放电率额定容量为 120A·h。

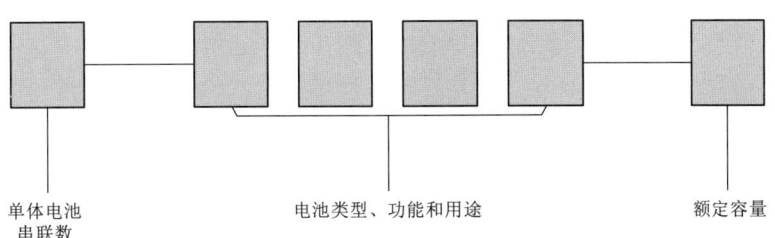

图 5-16 蓄电池标号

表 5-2 蓄电池常用字母的含义

第 1 个字母	含义	第 2~4 个字母	含义
Q	启动用	A	干荷电式
G	固定用	F	防酸式
D	电瓶车用	FM	阀控式密封
N	内热机用	W	无需维护
T	铁路客车用	J	胶体
M	摩托车用	D	带液式
KS	矿灯酸性用	J	激活式
JC	舰船用	Q	气密式
B	航标灯用	H	湿荷式
TK	坦克用	B	半密闭式
S	闪光用	Y	液密式

5.3.1.6 充放电要求

1. 初期充电

在电池储存和运输过程中电池有一些自放电，在运行过程中必须进行初期充电，其方法为：

(1) 储存时间 6 个月内，恒压 2.35V/单体，充电 8h。

(2) 储存时间 12 个月内，恒压 2.35V/单体，充电 12h。

(3) 储存时间 24 个月内，恒压 2.35V/单体，充电 24h。

2. 均衡充电

系列电池在下列情况下需要对电池组进行均衡充电：

(1) 电池系统安装完毕后，对电池进行补充充电。

(2) 电池组浮充运行 3 个月后，单体电池电压低于 2.18V，12V 系列电池电压低于 13.08V（2.18V×6）。

(3) 电池搁置停用时间超过 3 个月。

(4) 电池全浮充运行达 3 个月。均衡充电的方法推荐采用 2.35V/单体，充电 24h。上述充电时间是指温度范围在 20~30℃，如果环境温度下降，则充电时间应增加，反之亦然。

3. 电池充电

电池放电后应及时充电。充电方法推荐为以 0.1C10A 的恒电流对电池组充电，直到电池单体平均电压上升到 2.35V，然后改用 2.35V/单体进行恒压充电，直到充电结束。用上述方法进行充电，其充足电的标志可以用以下条件中任一条来判断。

（1）充电时间 18~24h（非深放电时间可短，如 20% 的放电深度的电池充电时间可缩短为 10h）。

（2）电压恒定的情况下，充电末期连续 3h 充电电流值不变。

在特殊情况下，电池组须尽快充足电时可采用快速充电方法，即限流值小于或等于 0.15C10A，充电压为 2.35V/单体。

5.3.1.7 蓄电池种类选择

光伏系统用的蓄电池主要有光伏发电储能专用铅酸电池、固定型铅酸蓄电池、阀控式密封型铅酸蓄电池（VRLA 蓄电池）和碱性蓄电池（镉镍蓄电池），这四种电池各有缺点，在选购蓄电池时，要根据运用情况进行选择。常用蓄电池样品如图 5-17 所示。

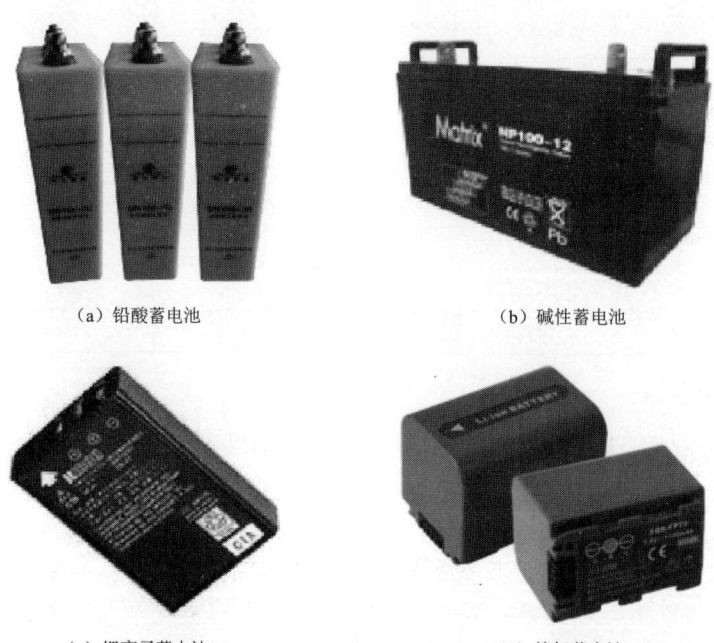

图 5-17　常用蓄电池样品

1. 光伏发电储能专用铅酸电池

为适应光伏电站对蓄电池的要求，我国进行了光伏发电储能专用铅酸蓄电池的研制，并取得了一定进展。国内尚无光伏发电储能专用铅酸蓄电池技术标准和检测标准，一些厂家虽在开发、试制储能专用铅酸蓄电池方面进行了努力，但技术不够成熟且品种较少。因此，目前选用完全适合于光伏发电的储能铅酸蓄电池，仍受到一定限制。

2. 固定型铅酸蓄电池

（1）固定型铅酸蓄电池的优点是容量大、单位容量价格便宜、使用寿命长及轻度硫酸化可恢复。与启动用蓄电池相比，固定型蓄电池的性能更贴近光伏发电系统的要求。目前在功率较大的光伏电站多数采用固定型（开口式）铅酸蓄电池。

（2）固定型（开口式）铅酸蓄电池的主要缺点是需要维护，在干燥气候地区需要经常添加蒸馏水、检查和调整电解液的相对密度。此外，固定型（开口式）蓄电池带液运输时，电解液有溢出的危险，运输时应作好防护措施。

3．阀控式密封型铅酸蓄电池

近年来我国开发了蓄电池的密封和免维修技术，引进了密封型铅酸蓄电池生产线。因此，在光伏发电系统中也开始选用专门的密封型铅酸蓄电池，即使倾倒电池电解液也不会溢出，不向空气中排放氢气和酸雾，安全性能好。密封型铅酸蓄电池的缺点是对过充电敏感，因此对过充电保护器件性能要求高，当长时间反复过充电后，电极板易变形。近年来，国内小功率光伏电池已选用密封型铅酸蓄电池。10kW 及以上的光伏电站也开始采用密封型铅酸蓄电池，随着工艺技术的不断提高和生产成本的降低，密封型铅酸蓄电池在光伏发电领域的应用将不断扩大。

4．碱性蓄电池

目前常见的碱性蓄电池有镉镍电池和铁镍电池。碱性蓄电池（指镉镍电池）与铅酸蓄电池相比，主要优点是对过充电、过放电的耐受能力强，反复深放电对蓄电池寿命无大的影响，在高负载和高温条件下，仍具有较高的效率，维护简便，循环寿命长。碱性蓄电池（指镉镍电池）的缺点是内电阻大，电动势小，输出电压较低，价格高（为铅酸蓄电池的2～3 倍）。

5.3.1.8 确定蓄电池容量的主要因素

1．蓄电池单独工作天数

在特殊气候条件下，蓄电池允许放电达到蓄电池所剩容量占正常额定容量的20%（放电深度80%）。

2．蓄电池每天放电容量

对于日负载稳定且要求不高的场合，日放电周期深度可限制在蓄电池所剩容量占额定容量的80%（放电深度20%）。

3．蓄电池容量

蓄电池要有足够的容量来保证不会由于过充电而造成失水。一般在选择电池容量时，只要蓄电池容量大于光伏电池峰值电流的25 倍，则蓄电池在充电时不会造成失水。

4．蓄电池的自放电

随着电池使用时间的增长及电池温度的升高，自放电率会增加。对于新的电池，自放电率通常小于容量的5%；但对于旧的、质量不好的电池，自放电率可增至容量的10%～15%。

在水情遥测光伏系统中，连续阴雨天的长短决定蓄电池的容量。由遥测设备在连续阴雨天中所消耗能量增加20%的因素，再加上10%电池自放电容量，便可计算出蓄电池额定容量。

5.3.1.9 光伏电站蓄电池容量的计算方法

在确定蓄电池容量时，并不是容量越大越好，一般以20%为限。因为在日照不足时，蓄电池组可能维持在部分充电状态，这种欠充电状态导致电池硫酸化增加，容量降低，寿命缩短。不合理地加大蓄电池容量，将增加光伏系统的成本。

在独立光伏发电系统中，对蓄电池的要求主要与当地气候和使用方式有关，因此各有不同。例如，标称容量有 5 小时放电率、24 小时放电率、72 小时放电率、100 小时放电率、240 小时放电率以及 720 小时放电率。每天的放电深度也不相同，南美的秘鲁用于"阳光计划"的蓄电池要求每天 40%～50% 的中等放电深度，而我国"光明工程"项目有的户用系统使用的蓄电池只进行 20%～30% 的放电深度，日本用于航标灯的蓄电池则为小电流长时间放电。蓄电池又可分为浅循环和深循环两种类型。因此选择太阳能用蓄电池应既要经济又要可靠，不仅要防止在长期阴雨天气时导致电池的储存容量不够，达不到使用目的，又要防止电池容量选择过小，不利于正常供电，并影响其循环使用寿命，从而也限制了光伏发电系统的使用寿命，同时还要避免容量过大，增加成本，造成浪费。蓄电池容量为

$$C = \frac{DFP_0}{LUK_a} \tag{5-2}$$

式中　C——蓄电池容量，kW·h（A·h）；

　　　D——最长连续无日照时的用电时数，h；

　　　F——蓄电池放电效率的修正系数，（通常取 1.05）；

　　　P_0——平均负载容量，kW；

　　　L——蓄电池的维修保养率，通常取 0.8；

　　　U——蓄电池的放电深度，通常取 0.5；

　　　K_a——包括逆变器等交流回路的损耗率，通常取 0.7～0.8。

式（5-2）可简化为

$$C = 3.75DP_0 \tag{5-3}$$

这是根据平均负载容量和最长连续无日照时的用电时数算出的蓄电池容量的简便公式。由于蓄电池容量一般以 A·h 数表示，故蓄电池容量为

$$C = 1000\frac{C}{V} \tag{5-4}$$

$$C' = IH \tag{5-5}$$

式中　C'——蓄电池容量，A·h；

　　　V——光伏系统的电压等级（系统电压），通常为 12V、24V、48V、110V 或 220V。

5.3.2　锂离子电池

锂离子电池作为优异的储能设备主要由正极材料、负极材料、电解质、隔膜 4 个部分组成。其中正、负极材料能够保证锂离子在电池中进行可逆地嵌入和脱出，以达到储存和释放能量的目的。电解质应该具有较高的锂离子电导率和极低的电子电导率，确保锂离子可以在电解液中快速传导并减少自放电。隔膜处于正负极材料中间，避免电池因两电直接接触而短路，并且对电解质具有较好的浸润性，能够形成锂离子的迁移通道。

5.3.2.1　工作原理

可充电"摇椅式"锂离子电池基本工作原理图如图 5-18 所示。以商业化的钴酸锂/石墨锂离子电池为例：充电过程中，Li$^+$ 从钴酸锂正极脱出，经过电解液和隔膜嵌入石墨，

电子通过外电路从正极到达负极并伴随着正极材料中 Co^{3+} 的氧化,正极材料中锂离子浓度降低而负极材料中锂离子浓度升高;放电过程则正好相反,Li^+ 自发地从负极脱出,经过电解液和隔膜并嵌入到正极材料中,电子从外电路到达正极并引发了高价钴的还原。所以,循环过程中锂离子电池的电化学反应式为

正极反应为

$$LiCoO_2 \Leftrightarrow Li_{1-x}CoO_2 + xLi^+ + xe^- \tag{5-6}$$

负极反应为

$$6C + xLi^+ + xe^- \Leftrightarrow Li_xC_6 \tag{5-7}$$

总反应为

$$LiCoO_2 + 6C \Leftrightarrow Li_{1-x}CoO_2 + Li_xC_6 \tag{5-8}$$

式中 Li_xC_6——(含锂的过渡金属氧化物)锂离子电池主要依靠锂离子在正极和负极之间移动来工作。

在充放电过程中,Li^+ 在两个电极之间往返嵌入和脱嵌:充电时,Li^+ 从正极脱嵌,经过电解质嵌入负极,负极处于富锂状态;放电时则相反。

5.3.2.2 电池容量

用来衡量电池存储能量的常见指标包括比能量和比容量,两者均可从质量和体积两个方面来评判,其常用单位分别是 $Wh \cdot kg^{-1}$、$Wh \cdot L^{-1}$ 和 $Ah \cdot kg^{-1}$、$Ah \cdot L^{-1}$。根据能斯特方程,在等温等压条件下,当体系发生可逆变化时,电池体系所释放的最大电能等

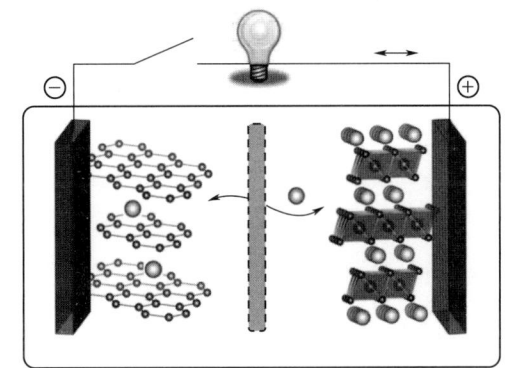

图 5-18 可充电"摇椅式"锂离子电池基本工作原理图

于总的电化学反应在标准状态下的吉布斯生成能($\Delta_r G^s$)。因此,根据热力学手册或基于第一性原理的密度泛函方法计算出总反应式的 $\Delta_r G^s$ 后即可算出不同体系的能量密度极限,用于指导高比能锂离子电池的研发。一般地,不同体系的实际能量密度常用其质量比容量与反应电位的乘积来计算。电极材料质量比容量代表单位质量活性材料所能储存的总电荷量,即

$$Specificcapacity = \frac{nF}{3.6M} \tag{5-9}$$

式中 n——每摩尔电极材料在充/放电过程中转移电子的物质的量;
  F——法拉第常数;
  nF——反应过程中转移的总电荷量;
  M——电极材料的摩尔质量,g/mol。

5.3.2.3 应用场景

目前,锂离子电池储能技术已广泛应用于电力系统。应用场景包括发电侧、用户侧和电网侧;应用模式主要有各种类型的储能电站、备用/应急电源车及多种储能装置。在发电侧,锂离子电池储能技术的应用主要有风/光储能电站、AGC 调频电站等;在用户侧,

主要有光储充一体化电站、应急电源等；在电网侧，主要有变电站、调峰/调频电站等。不同的应用模式对锂离子电池性能的要求不同，锂离子储能电池应用于调峰、光伏储能时，一般采用能够较长时间充放电的容量型电池；用于调频或平滑新能源波动时，一般采用能够快速充放电的功率型电池；在既需要调频又需要调峰时，则采用能量型电池。

1. 发电侧应用

锂离子电池储能技术在发电侧的应用包括大规模新能源并网、电力辅助服务，主要功能是促进新能源的消纳、增强电力系统的调峰能力。目前，电化学储能技术已在风、光发电系统中大量应用，规模化的锂离子电池储能技术与风光发电结合可以较好地解决新能源并网问题，解决弃光难题。

青海格尔木直流侧光伏电站储能项目是锂离子电池储能技术应用于光伏电站的案例。该光伏电站规模为180MW，储能系统规模为1.5MW/3.5MWh，项目采用了分布式直流侧光伏储能技术，有效解决了储能系统与光伏电站间的接入匹配问题。

2. 用户侧应用

锂离子电池储能技术在用户侧的应用场景非常广泛，包括"光储充"一体化电站、工业园区、数据中心、通信基站、地铁和有轨电车、港口岸、岛屿、医院、商场、政府楼宇、银行、酒店以及大型临时活动场所的用电保障和应急供电等。另外，也包括一些商业储能项目，如电解、电镀公司和冶炼厂等用电大户利用储能电站在低谷期充电、在用电高峰时放电，以降低企业用电成本。近年来，随着电力能源需求响应的发展和完善，用户侧电池储能项目快速增长；5G通信基站的逐渐普及，对锂离子电池储能技术的需求迅速增加；而各地政府对用户侧储能项目建设的支持也促进了其快速发展。

3. 电网侧应用

锂离子电池储能技术在电网侧的主要应用包括电网辅助服务、输配电基础设施服务、分布式及微电网。主要功能是保障电网安全和经济稳定，提供调频、调峰、备用、黑启动等服务，提高输配电设备利用率；减缓现有输配电网的升级改造，解决偏远地区供电问题等；提高供电可靠性和灵活性。随着锂离子电池集成度和电池热管理水平的提高，大规模锂离子电池储能项目不断出现。

2020年1月福建晋江电网储能项目（30MW/108MWh）启动并网，配套的大规模电池储能电站统一调度与控制系统可为附近3个220kV重负荷的变电站提供调峰调频服务。

5.3.2.4 发展趋势

锂离子电池储能技术的发展趋势主要有两个方面：一是进一步降低成本；二是提高可靠性。储能技术的应用潜力在很大程度上取决于其成本。目前，锂离子电池的成本约为0.9元/(W·h)［储能系统成本为1.2元/(W·h)］，在国内大部分峰谷电价差不到0.7元/(kW·h)的地区，不具备明显的经济性。因此，进一步降低电池成本是锂离子电池储能技术的重要发展方向。广大的科研工作者正在开发价格更低、能量密度更高的锂离子电池材料体系，未来的锂离子电池可能会使用更高能量密度的正极材料取代目前常用的磷酸铁锂和三元正极材料。再结合规模化的生产技术，锂离子储能电池的单位成本有望进一步降低。

可靠性（尤其是安全性）是锂离子电池储能技术中一个受人关注的性能。近年来，电化学储能电站安全事故频发，其中大部分由锂离子电池的起火爆炸所导致。对于传统锂离子电池来说，电解质中易分解、燃烧的有机溶剂和聚合物隔膜材料是影响安全性的重要因素。

目前对于锂离子电池安全性的解决方案主要有材料体系改性、电池组热管理和能量管理系统优化等。用固态电解质取代锂离子电池体系中的电解液和隔膜以提高其安全性，被认为是从根本上消除锂离子电池安全隐患的重要方向。具有实用化前景的固态电解质材料主要包括聚氧化乙烯、聚甲基丙烯酸甲酯和锂镧锆氧等。

5.3.3 "光储"融合

5.3.3.1 概念与作用

"光储"系统即光伏储能发电系统，是由光伏设备和储能设备组成的发电系统。"光储"系统是将光伏发电系统与储能电池系统相结合，主要在电网工作应用中起到"负荷调节、存储电量、配合新能源接入、弥补线损、功率补偿、提高电能质量、孤网运行、削峰填谷"等作用。此外储能电站还能减少线损，增加线路和设备使用寿命。储能在光伏系统内的应用场景有4个，如图5-19所示。

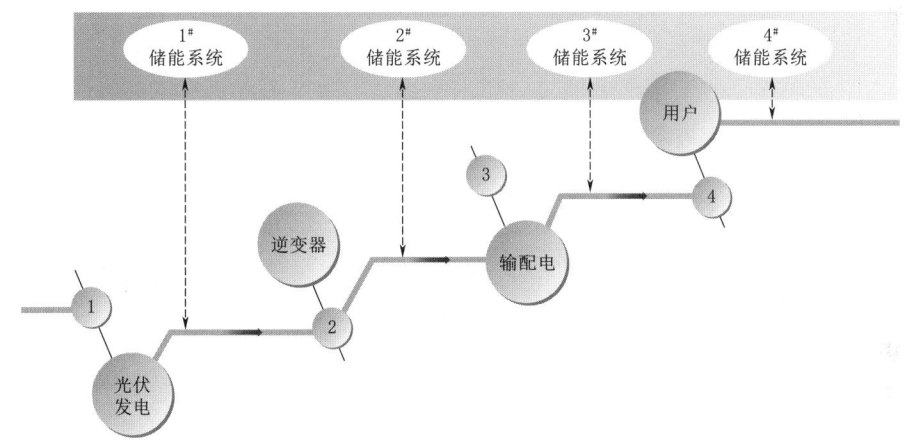

图5-19 储能在光伏系统内的应用场景

"光储"系统重要的作用，就是提高电力系统可靠性，保持整个电力系统的输出稳定，同时，可以提供能量的备用，提高光伏发电利用小时数，提升项目的收益。光伏储能系统作用如图5-20所示。

5.3.3.2 系统种类

1. 离网光伏发电系统

离网光伏发电系统，不依赖电网而独立运行，应用于偏僻山区、无电区、海岛、通信基站和路灯等应用场所。系统由光伏阵列、太阳能控制器、逆变器、蓄电池组、负载等构成。光伏阵列在有光照的情况下将太阳能转换为电能，通过太阳能控制逆变一体机给负载供电，同时给蓄电池组充电；在无光照的情况下，由蓄电池通过逆变器给交流负载供电。

离网光伏发电系统是专门针对无电网地区或经常停电地区场所使用的，是刚性需求，离网系统不依赖于电网，靠的是"边储边用"或者"先储后用"的工作模式。对于无电网

图 5-20 光伏储能系统作用

地区或经常停电地区家庭来说,离网系统具有很强的实用性,离网光伏发电系统度电成本为 1.0~1.5 元,相比并网系统要高很多,但相比燃油发电机的度电成本 1.5~2.0 元,更经济环保。

2. 并离网储能系统

并离网储能系统广泛应用于经常停电,或者光伏自发自用不能余量上网、自用电价比上网电价贵很多、波峰电价比波谷电价贵很多等应用场所。

系统由光伏组件组成的光伏阵列、光伏并离网一体机、蓄电池组、负载等构成。光伏阵列在有光照的情况下将太阳能转换为电能,通过太阳能控制逆变一体机给负载供电,同时给蓄电池组充电;在无光照的情况下,由蓄电池给太阳能控制逆变一体机供电,再给交流负载供电。

相对于并网发电系统,并离网系统增加了充放电控制器和蓄电池,系统成本增加了 30%左右,但是应用范围更宽。一是可以设定在电价峰值时以额定功率输出,减少电费开支;二是可以电价谷段充电,峰段放电,利用峰谷差价赚钱;三是当电网停电时,光伏系统作为备用电源继续工作,逆变器可以切换为离网工作模式,光伏和蓄电池可以通过逆变器给负载供电。

3. 并网光伏储能发电系统

并网光伏储能发电系统,能够存储多余的发电量,提高自发自用比例,应用于光伏自发自用不能余量上网、自用电价比上网电价价格贵很多、波峰电价比波平电价贵很多等应用场所。系统由光伏组件组成的光伏阵列、太阳能控制器、电池组、并网逆变器、电流检测装置、负载等构成。当太阳能功率小于负载功率时,系统由太阳能和电网一起供电,当太阳能功率大于负载功率时,太阳能一部分给负载供电,一部分通过控制器储存起来。

4. 微网储能系统

微网储能系统由太阳能电池方阵、并网逆变器、PCS 双向变流器、智能切换开关、蓄电池组、发电机、负载等构成。光伏阵列在有光照的情况下将太阳能转换为电能,通过逆变器给负载供电,同时通过 PCS 双向变流器给蓄电池组充电;在无光照的情况下,由蓄电池通过 PCS 双向变流器给负载供电。

微电网可充分有效地发挥分布式清洁能源潜力,减少容量小、发电功率不稳定、独立供电可靠性低等不利因素,确保电网安全运行,是大电网的有益补充。微电网可以促进传统产业的升级换代，从经济环保的角度可以发挥巨大作用。

5.3.3.3 应用场景

1. 划分

储能系统的应用场景是基于储能系统的安装位置、投资方划分。

（1）第一种：在光伏发电的直流侧，由光伏投资方投资。光伏系统发出直流电之后，直接进入储能系统。

（2）第二种：光伏发电的交流侧，由光伏投资方投资。既可以在发电厂内的交流侧，也可以用发电企业建设在发电厂外的交流侧。

（3）第三种：由电网主导投资、建设的电网侧。

（4）第四种：工商业和用户投资、建设的负荷侧。

2. "发输配用"

光伏储能系统"发输配用"环节如图 5-21 所示。

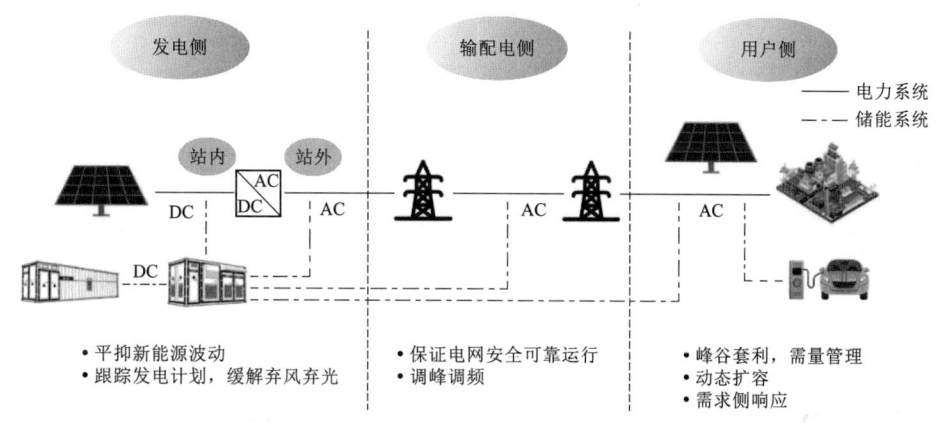

图 5-21 光伏储能系统"发输配用"环节

（1）在发电侧的光伏发电系统的储能电站既可以与光伏组件一起，并联于逆变器的直流侧；建设光伏电站内与光伏逆变器共同使用一块上网电表；建设在光伏电站外，储能电站独享一块上网电表。

（2）在输配电侧的光伏发电系统的储能电站主要是由电网主导的需求，由电网主导建设。

（3）在用户侧的光伏发电系统的储能电站主要是工商业用户、家庭用户建设光储电站。

5.3.3.4 场景的主要作用

（1）发电侧主要用于平抑新能源的波动，跟踪电网的发电计划，缓解弃风弃光。

（2）输配电侧主要是保证电网的安全可靠运行，参与电网的调峰、调频、黑启动等电网辅助服务。

（3）用户侧主要适用于峰谷套利、动态增容、需求侧响应。峰谷套利是由于用户侧的工商业电价是有峰谷电价，在谷时充电、峰时放电，减少了在峰值时间段向电网买电的成本。

5.3.3.5 应用场景的优缺点

1. 发电直流侧

发电直流侧架构如图 5-22 所示。

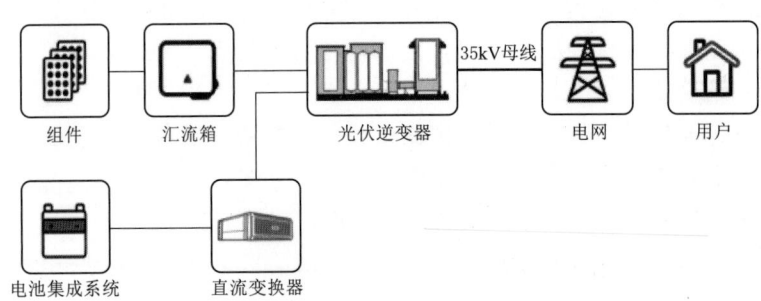

图 5-22 发电直流侧架构

(1) 适用场景。光伏出力波动大，电能质量较差的电站；无额外并网点，不具备接入条件的电站。

(2) 优点。减少弃光，提高设备可利用率；可为光伏输出发力，补充光照弱时的功率不足；提高电站可利用小时数，增加收益；分散布置，无须土地审批流程；无须单独入网手续，建设周期短。

(3) 缺点。国内直流侧储能暂时不能作为光伏配储指标；国内光伏上网电价低，仅依靠电价难以支撑成本；光伏场区分散布置，运维困难。

2. 发电交流侧（新能源站站内）

发电交流侧（新能源站站内）架构如图 5-23 所示。

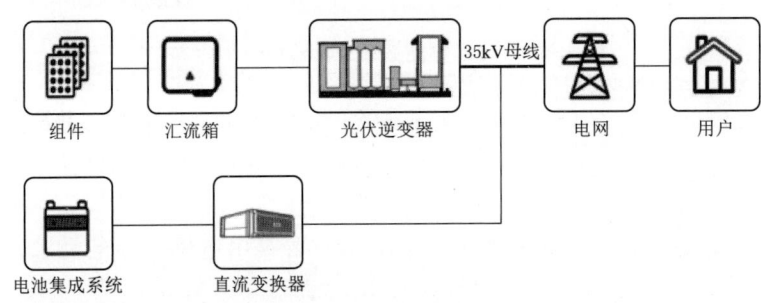

图 5-23 发电交流侧（新能源站站内）架构

(1) 适用场景。单体电站规模较大；满足并网要求，控制精度可靠性要求高。

(2) 优点。促进新能源消纳；作为电网支撑点，提升电网稳定性。

(3) 缺点。在电网末端接入，对系统辅助服务作用不明显，电网调度意愿不高，辅助服务收益困难；系统使用率低，价值发挥不明显。

3. 发电交流侧（站外：独立储能）

发电交流侧（站外：独立储能）架构如图 5-24 所示。

(1) 适用场景。单体电站规模大；满足并网要求，控制精度可靠性要求高。

(2) 优点。可以满足配储要求；规模化建设，系统成本低；独立运营，专业度更强；

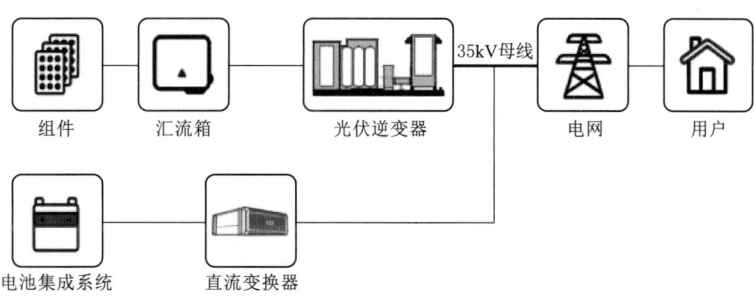

图 5-24 发电交流侧（站外：独立储能）架构

收益来源多样化，适合市场化发展。

(3) 缺点。无明显缺点。

4. 电网侧

电网侧架构如图 5-25 所示。

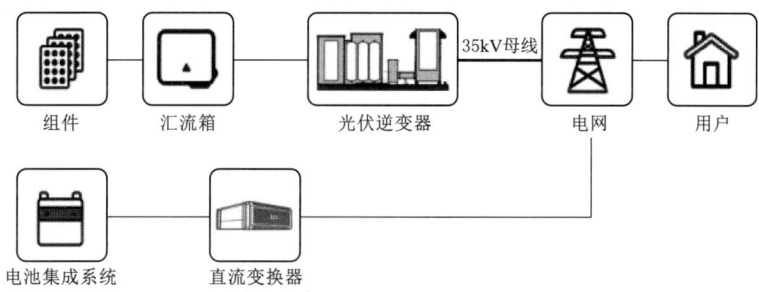

图 5-25 电网侧架构

(1) 适用场景。单体电站规模大；收益模式相对电源侧较高，成本不是决定性因素；满足电网调度要求，系统可靠性、运维便捷性要求高。

(2) 优点。作为备用容量，参与电网调度；参与电力现货交易，推进智能电网发展。

(3) 缺点。没有固定的收益模式；针对电网侧的政策不明朗。

5. 用户侧

用户侧架构如图 5-26 所示。

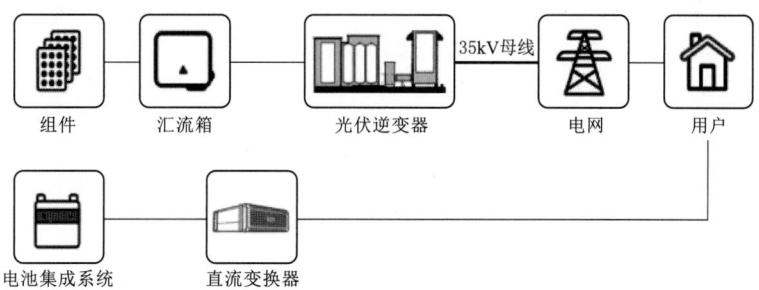

图 5-26 用户侧架构

(1) 适用场景。单体电站规模较小；主要盈利模式为峰谷套利，对容量利用率比较敏感；控制逻辑简单。

（2）优点。提高光伏发电收益；动态增容，缓解电网端负荷压力；参与需求相应市场。

（3）缺点。收益模式单一；电价政策存在不确定性。

5.3.4 储能技术作用

1. 平滑出力曲线

光伏发电系统的能量来源是太阳能，在夜晚光伏发电系统无法发电。利用储能装置，采用相关的控制策略，可以跟踪光伏发电系统的出力，在出力尖端时吸收电能，在出力低谷时释放电能，从而保持输出功率的平滑，也使对光伏发电出力的预测更为准确。从现有的研究成果可知，电池储能系统对于平滑光伏发电系统的出力波动具有显著作用。

2. 增加太阳能的消纳能力

我国西北部太阳能资源丰富，是我国太阳能资源分布的一类地区。然而，西北部在我国又属于地广人稀的高原地带，人口密度低、数量少。同时，西北地区工业相比其他地区较为落后。因此，西北地区的负荷压力远远小于华北、华中、华南等地区。在光伏渗透率较高的西北地区，由于发电量与负荷的不匹配，弃光的现象时常发生，造成巨大的损失以及消极的影响。此时，将储能系统应用到电力系统中的调峰调频等辅助服务中，通过能源管理系统的统一调度，与光伏电站的自动控制系统相结合，从而控制储能系统的充放电时间及次数等，可以在发电侧减少弃光现象，增加太阳能的消纳能力，提升能源利用率，带来良好的经济效益。

3. 提升供电可靠性

储能系统可以发挥削峰填谷作用。在负荷高峰期，储能系统可以将自身储存的能量转化为电能，并注入电网中；在负荷低谷期，储能系统可以将电网中多余的电能吸收并转化为储能装置对应的能源形式储存起来，通过削峰填谷来平衡电网的功率水平。同时，储能系统可以发挥备用电源功能。在一些微电网系统中，当微电网在孤岛运行模式时，储能系统可以为孤岛状态下的微电网提供所需电能。

4. 改善电能质量

由于受到天气、温度、组件倾角等因素的影响，光伏发电系统的输出功率会有所变化，造成了发电量的不稳定，使发电量预测的难度增加，对馈入电网的谐波产生影响。并且，随着太阳光照强度的变化，光伏发电功率会对电网潮流中的负荷特性产生一定的影响。光伏发电系统并入电网之后，会对电网潮流的方向、现有电网调度、规划运行方式等产生影响，加大对电网调度及控制的难度。当大量光伏发电系统接入电网后，将加剧电压波动，引起电压调节装置的频繁动作，使电网的电能质量下降。当储能接入光伏发电系统后，由相应的能量转换系统控制储能装置的充放电，可以达到对电网调峰的目的，使光伏发电系统的发电量得到有效控制。此外，储能装置的接入可以抑制电网潮流方向的改变，增加电网的稳定性，从而提升光伏发电系统接入电网之后的电能质量。

5.4 储能应用实例

5.4.1 储能现状

2022 年河南省抽水蓄能电站的情况为：已投运的有宝泉、回龙 2 座抽水蓄能电站，总装机容量 132 万 kW，在建的有南阳南召的天池、洛阳洛宁与信阳五岳 3 个抽水蓄能电站，容量为 360 万 kW。

河南省电化学储能电站的情况为：河南新能源在三门峡发展最早资源最好，三门峡市的电源较集中，火电 400 万 kW·h，三门峡水电站 50 万 kW·h，风电并网 180 万 kW·h，光伏 60 万 kW·h；同时由西北电网联网的背靠背直流输送 111 万 kW·h 的电力，每年输送电量差不多 72 亿 kW·h，但是自身的负荷平时 120 万 kW·h，一年的电量只有 89 亿 kW·h。

河南减少新能源弃风弃光的手段主要是深度调峰辅助服务市场。2019 年的 7 月 29 日发布了《调峰辅助服务规则》，2020 年 1 月 1 日调峰辅助活动交易开始启动，6 月 22 日进行了部分修订，2021 年 4 月 1 日提出进一步深化辅助服务市场建设，市场的卖方深度调峰时段中标的是统调公用燃煤发电机组，买方是集中式的风电、光伏、深度调峰交易时段。

河南省省能源局新能源处 319 号文 4 月 30 日发布的，提出 2025 年可再生能源装机容量 5000 万 kW，力争新增的风电和光电 2000 万 kW，提出合理配置储能，火电深调改造等新增调节能力的项目会优先支持，河南省发改委和省能监办出台加快推动储能设施建设指导意见。强调要大力推进电源侧的储能项目建设，健全新型储能设施的投资收益机制，加强电网侧储能设施建设，完善政策的激励机制。

5.4.2 面临问题

河南省豫北、豫中的西部煤资源较丰富，煤电装机多占全省比例高，区域风电光伏的资源较好，区域外送困难。

河南省电源调节能力排第一的是抽水蓄能，抽水蓄能具有较强调节能力，速度快占比小，建设工期长。由于河南气价较高，燃气发展比较缓慢，因此，当前河南主要的调节手段依靠煤电。春季、冬季都是新能源的大发时段，冬季主要依靠煤电供热，煤电的调峰能力是有限的，存在调峰缺口和弃风弃光现象。

火电调峰的市场能力已经达到极限，市场规模将进一步扩大。调峰急需引入新的市场主体，即电化学储能。参与调峰的电化学储能与火电相比，价格竞争优势不大，后期需要一定支撑，包括价格与优先权。

从盈利模式和挑战来看，电源侧新能源储能可以缓解弃风弃光现象，但是难以弥补投资的缺口。电网侧没有解决输配电价问题，缺少投资动力。

5.4.3 对策建议

1. 鼓励新能源项目配置储能

鼓励新能源项目配置储能建议分两步走。

(1) 对于新增新能源,优先引导其配置储能,有意愿配置储能设施的项目业主在年度建设指标分配中优先配置;储能配比灵活设置,结合风电、光伏不同的调峰特性,以及装机替代能力等因素,建议风电、光伏分别按20%、15%配置。

(2) 对于已投产的新能源项目,结合项目实际运营情况、补贴强度及补贴资金落实情况、所在区域电网运行要求等,评估后确定增加配置储能的可行性及容量配比。

2. 加快构建政策机制与市场环境支持储能发展

加快明确储能应有的主体地位和市场准入条件,探索独立储能电站参与新能源消纳以及辅助服务市场的运营模式。充分挖掘储能多重价值,比如参与调峰、调频等辅助服务,获得辅助服务补偿;减少弃风、弃光电力,增加电费收入;减少电网考核费用;参与电力市场交易获得电价收益等。

建议如下:

(1) 加快全区电力辅助服务市场建设,研究储能参与的服务场景(调峰、调频、调压、断面控制等),明确储能参与电力市场的身份,设计合理的交易品种和价格机制,合理疏导建设成本,提高储能设施利用效率。

(2) 探索超合理利用小时数以外的新能源电量参与市场化交易的机制。市场化交易价格与基准电价之间的差额作为支持储能建设发展的补助资金,研究确定合理的补偿方式。

(3) 加快推进电力现货市场建设,逐步引导储能系统参与现货市场交易,构建辅助服务市场与电能量市场的衔接机制,最终实现两个市场的融合,推动储能服务共享化、市场化。

3. 完善行业标准规范储能健康发展

建议政府、行业协会、相关利益方联合发力,完善储能相关标准。

(1) 完善储能行业标准。储能快速发展也带来一些问题,例如低价竞标的乱象、储能电站的低利用率、安全问题等,亟须明确储能设施建设相关技术要求(包括安全设计、系统效率、系统寿命等),提出储能系统并网条件,来降低项目建设运行安全风险。

(2) 规范统一储能配置标准。目前在各省出台的储能配置支持政策中,配置比例要求为5%~20%。各省政策要求虽有不同,但均未对配置比例及持续时长的制定依据进行详细说明。统筹考虑区域电源规划、新能源发展情形、电力市场建设进度等因素,合理测算电力系统储能需求,科学设计配置比例与时长,确保增设储能系统能够得到有效利用。

4. 积极探索共享储能电站运行模式

在新能源汇集区内配置独立储能电站,或将新能源汇集区内各储能装置视为一个整体,统一接受电网调度,为区域新能源电站和电网提供服务,使用效果要优于单个场站分别配置调用。建议积极探索共享储能电站运营模式,搭建共享储能市场交易体系,通过合理的收益分摊方式与市场交易机制,推动共享储能的规模化应用。共享储能电站如图5-27所示。

5.4 储能应用实例

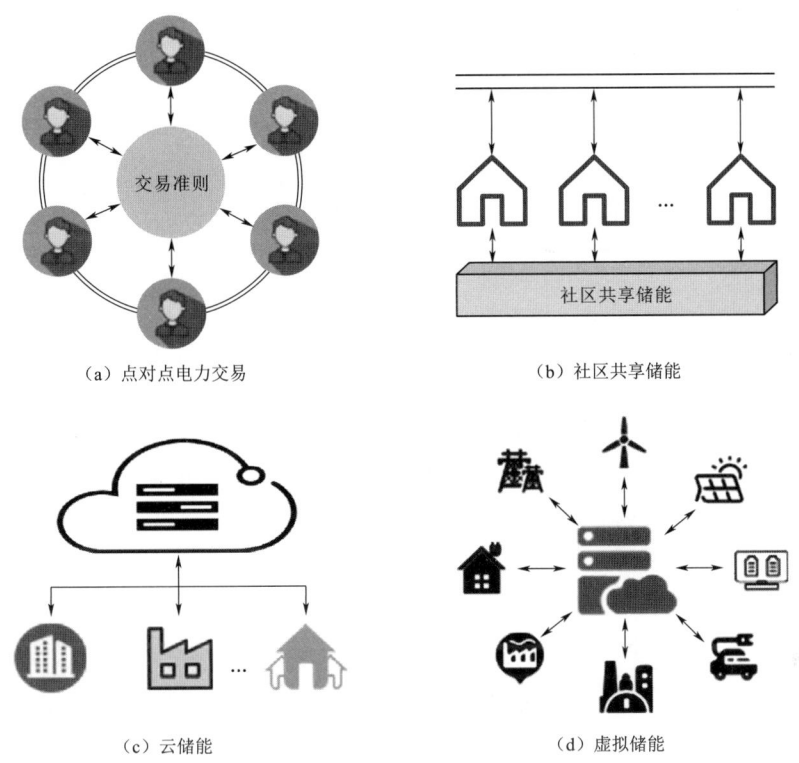

图 5-27 共享储能电站

5.4.4 预期目标

实现新型储能从商业化初期向规模化发展转变，逐步培育完善市场环境和商业模式，新型储能技术创新能力明显提高，在源、网、荷侧应用场景建设一批多元化新型储能项目，力争并网新型储能装机容量达到 220 万 kW。

实现新型储能全面市场化发展，形成一批拥有自主知识产权的核心技术，建成一批技术创新和产业发展基地，市场机制、商业模式成熟健全，与电力系统各环节深度融合发展，基本满足构建新型电力系统需求，有力促进河南省能源领域碳达峰目标如期实现。

第 6 章 氢储能

氢储能包括：制氢、储氢、氢电系统。其主要功能通过以下流程实现：制氢系统利用富余的可再生能源电力电解水制氢，由高效储氢系统将制得的氢气封存起来，待需要或者可再生能源发电低谷时通过燃料电池发电回馈到电网。同时，氢储能系统还可以与氢产业链中的应用领域结合，在化工生产、燃气、燃料电池汽车等方面发挥更大的作用。

氢储能是一种新型储能，在能量维度、时间维度和空间维度上具有突出优势，可在新型电力系统建设中发挥重要作用。氢储能技术是利用电力和氢能的互变性而发展起来的。

氢储能既可以储电，又可以储氢及其衍生物（如氨、甲醇）。狭义的氢储能是基于"电-氢-电"（Power-to-Power，P2P）的转换过程，主要包含电解槽、储氢罐和燃料电池等装置。

利用低谷期富余的新能源电能进行电解水制氢，储存起来或供下游产业使用；在用电高峰期时，储存起来的氢能可利用燃料电池进行发电并入公共电网，制氢储能工作原理图如图 6-1 所示。广义的氢储能强调"电-氢"单向转换，以气态、液态或固态等形式存储氢气（Power-to-Gas，P2G），或者转化为甲醇和氨气等化学衍生物（Power-to-X，P2X）进行更安全地储存。

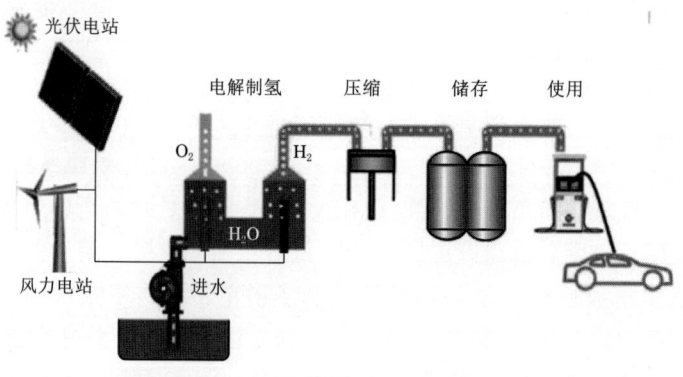

图 6-1 制氢储能工作原理图

6.1 制 氢

水电解制氢技术连接着可再生能源与氢气的存储系统，是氢储能最主要的环节之一。

水电解制氢技术的发展直接影响着氢储能系统的规模与稳定性,目前主要的3种水电解方式为碱水电解制氢技术、固体氧化物电解技术及PEM电解技术。

1. 碱性电解水制氢技术

碱水电解制氢是一种较为方便的制取氢气的方法。在充满电解液的电解槽中通入直流电,水分子在电极上发生电化学反应,分解成氢气和氧气,电解水制氢工作原理图如图6-2所示。

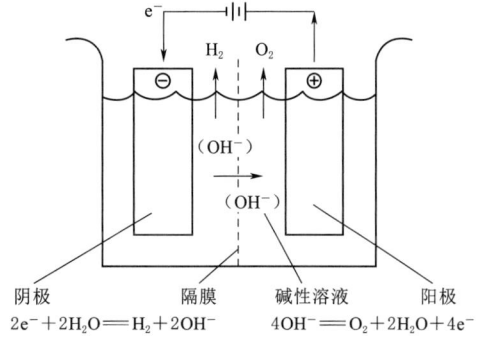

图6-2 碱性电解水制氢工作原理图

碱性电解水制氢技术是一种很成熟的水电解制氢技术,早在20世纪初就有大规模制氢设备应用于工业领域。1927年,挪威HYDRO公司研制出了第一台常压电解制氢装置,并将其应用于合成氨领域。随着电解槽技术的发展,2011年德国LURGI公司与BAMAG公司合并成为世界最大的碱水电解生产商ELB,该公司的加压式电解槽的最大氢气产量和运行压力分别能达到$1400nm^3/h$和30MPa,其额定功率能够达到6MW,由于受到碱水电解制氢技术自身技术特点的限制,碱水电解槽的体积较大。

近十年随着电极、隔膜及机械技术的改进,碱水电解系统逐渐向小型化和集成化箱式电解槽的方向转变,美国Teledyne与挪威Nel等公司都有不同氢气产量的集成化碱水电解系统,集装箱电解系统氢气产量在$400\sim500nm^3/h$。

我国碱水电解制氢技术发展较快,目前已经接近国外先进技术水平,国内具有生产兆瓦级碱水电解槽的公司主要有苏州竞力制氢设备有限公司、天津大陆制氢设备有限公司、中国船舶重工集团公司第七一八研究所等,电解槽的最佳电解效率能够达到80%。由于碱性电解水的技术成熟、设备成本低、产氢量大,世界上的很多公司都在开展利用可再生能源与水电解相结合的能源项目。但是由于碱性电解水制氢技术存在工作电流密度小、耐功率波动范围窄以及响应时间慢等问题,导致碱性电解水技术与可再生能源的储能系统设计复杂,能源利用率低、维护费用高。

2. 固体氧化物电解技术

固体氧化物电解技术在20世纪70年代由美国通用电气和布鲁克海文国家实验室开始研究。80年代,Donitz和Erdle第一次使用以固体电解质为支撑体的管式固体氧化物电解槽(SOEC),并测试其长期稳定性。

近10年来,随着固体氧化物燃料电池(SOFC)技术的快速发展,固体氧化物电解技术同样引起广泛注,诸多公司都在努力将这种技术从实验室向市场进行转化。其中,Sun-Fire公司已经制造了额定功率为150kW的小型商用化固体氧化物电解水系统。

固体氧化物电解池中间是致密的电解质层,两端为多孔电极。电解质隔开氢气和氧气,并传导氧离子或质子,因此需要电解质具有高的离子电导率和可忽略的电子电导,多孔电极有利于气体的扩散和传输。其工作原理图如图6-3所示。由于SOEC是在高温下进行水电解反应,电解电压的大小决定了电解槽的效率。

当电解电压小于该温度下电解反应的热中性电压时,一部分热能提供反应热,此时电

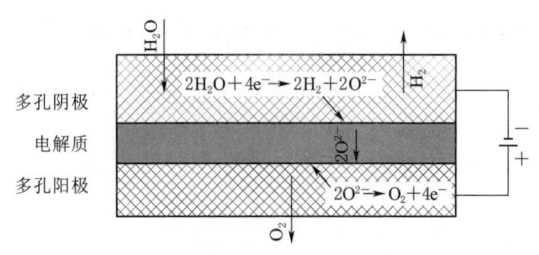

图 6-3 固体氧化物电解工作原理图

解槽的电压效率大于 100%。当电解电压大于该温度下电解反应的热中性电压时，剩余电能转化为热能，此时电解槽的电解效率小于 100%。虽然电压效率变小，但此时电流密度随着电解电压的增大而增大，相应地氢的生成速度也会增大。

使用何种模式工作，取决于外部环境对电解系统能量的供应。在核电站或热电站等可提供废热的设施附近，更适合以吸收热能的方式发电；在太阳能或风电站等可提供弃电的设施附近，更适合以吸收热能的方式发电。所以如何将固体氧化物电解制氢的效率最大化，需要根据可再生能源的实际情况进行综合分析。

3. PEM 电解技术

聚合物电解质膜或 PEM 电解技术，有时也被称为固体聚合物电解（SPE）技术，是由美国通用电气公司在 20 世纪 70 年代最开始进行研究，并将其应用于航天和水下航行器领域。目前美国 Giner 公司、德国 Siemens 公司和加拿大 Hydrogenics 公司生产的水电解系统的额定功率已经可以达到兆瓦级，这 3 个公司的水电解系统最大产量可分别达到 400nm^3/h，300nm^3/h 和 225nm^3/h，额定功率分别为 2MW，1.5MW 和 1.25MW。

我国 PEM 电解技术起步较晚，但目前很多单位都展开了较为深入地研究，目前最大的电解系统可达到兆瓦级。水电制氢在电力储能系统中的应用模式力，有效提高电力系统在用电高峰期的发电能力。此外，该技术也可在输电线路阻塞时将电能转化为氢气，通过管道网络输往不在阻塞区域的燃气机组进行发电，以避免或缓解系统阻塞。

电解槽主要结构类似燃料电池电堆，分为膜电极、极板和气体扩散层。PEM 电解槽的阳极处于强酸性环境（pH 值约为 2）、电解电压为 1.4～2.0V，多数非贵金属会腐蚀并可能与 PEM 中的磺酸根离子结合，进而降低 PEM 传导质子的能力。电化学催化层和氢 PEM 形成膜电极，是整个槽体介质传送和发生电化学反应的主要场所。水在阳极上发生水解反应，在电场和催化剂的作用下，分裂成质子（H^+）、电子（e^-）和气态氧（O_2），H^+ 穿过含有磺酸基官能团的固体 PEM，在电场的作用下到达负极。电子通过外电路由正极传到负极，到达负极 H^+ 和电子生成氢气。

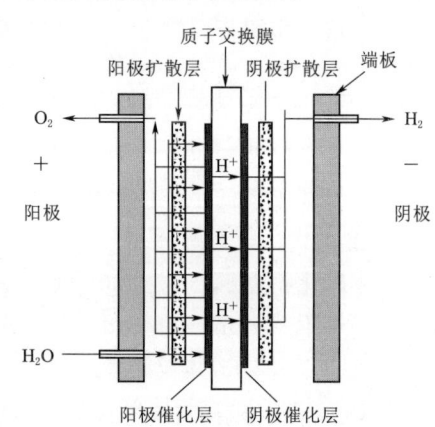

图 6-4 PEM 电解技术工作原理图

PEM 电解技术工作原理图如图 6-4 所示。

6.2 储　　氢

与其他燃料相比，氢的质量能量密度大，但体积能量密度低（为汽油体积能量密度低的1/3000），因此构建氢储能系统的一大前提条件就是在较高体积能量密度下储运氢气。尤其当氢气应用到交通领域时，还要求有较高的质量能量密度。此外，以氢的燃烧值为基准，将氢的储存运输所消耗的能量控制在氢燃烧热的10%内设为理想状态。

目前氢气的储存可分为高压气态储氢、低温液态储氢和金属固态储氢。对储氢技术的要求是安全、大容量、低成本和取用方便。

1. 高压气态储氢

高压气态储氢是最普通直接的储氢方式，它是指在氢气临界温度以上，通过高压压缩方式存储气态氢。高压气态储氢通常采用储罐作为容器，优点是存储能耗低、成本低（压力不太高时）、充放气速度快；在常温下就可放氢，零下几十度低温环境下也能正常工作，且通过减压阀即可调控氢气的释放。高压气态储氢工作原理图如图6-5所示。

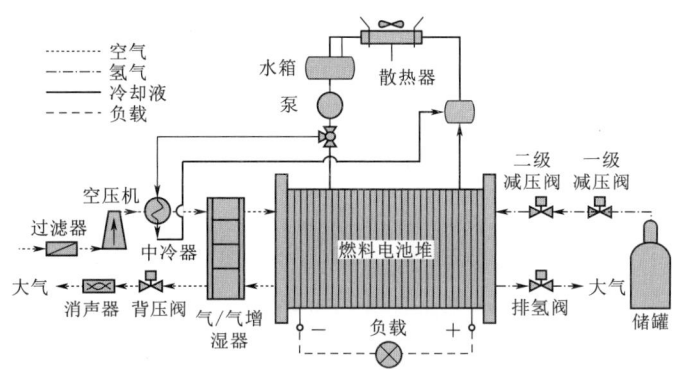

图6-5 高压气态储氢工作原理图

目前国内外采用压力为25～35MPa的碳纤维复合钢瓶作为储罐。氢气在35MPa时密度约为23kg/m³，70MPa时约为38kg/m³，储罐的质量储氢密度仅有5%（35MPa）。而且压缩氢气是耗能过程，若使用更高压力的储罐，如70MPa，则压缩过程需要大量的能量，增加了整体成本（压缩的能量消耗相当于液化的1/3）。未来除了要继续研究如何平衡存储压力和压缩能耗的关系外，还可进行储罐材料方面的研究以平衡储罐的重量和价格。

2. 低温液态储氢

低温液态储氢先将氢气压缩，在经过水槽之前进行冷却，经历换热器、汽水分离器后，产生一些液体。液氢的体积可减少到气态氢的1/800左右，大大提高体积能量密度。但氢气沸点是253℃，氢气液化需要消耗相当于氢气燃烧热1/3的能量，每千克氢需要120MJ。

储存温度和室温相差达200℃，氢气的蒸发潜热低，液氢会汽化散逸，损失率可达每天1%～2%。

因此，液氢储存不太适用于间歇使用的场合，如汽车。但适用于大规模高密度的氢储存，如可再生能源氢储能系统。储罐越大，绝热装置隔热效果越好，气体蒸发比例越小，未来需要进一步降低液化过程中的能耗，提高液化效率。

低温液态储氢工作原理图如图6-6所示。

3. 金属固态储氢

氢还可以和许多金属或合金化合形成金属氢化物。在一定温度下加压，金属可以大量

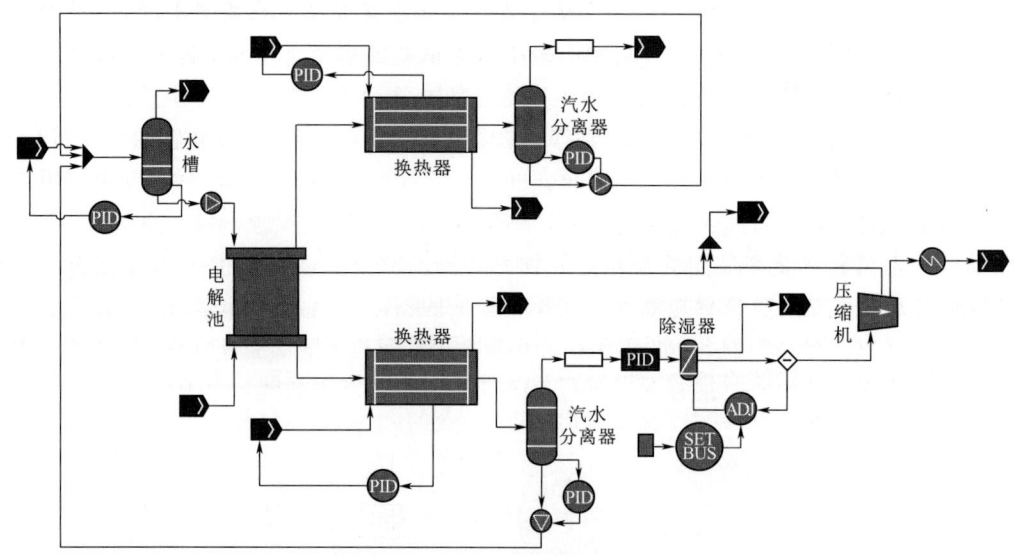

图 6-6 低温液态储氢工作原理图

吸收氢生成固态金属氢化物，如 $LaNi_5H_6$、MgH_2 和 $NaAlH_4$。且该反应具有很好的可逆性，适当升高温度或减小压力即可释放氢气。

金属固态储氢花费的能量约是压缩方式（70MPa）的一半，液化方式的 1/5，体积能量密度约比压缩和液化储存高 3 倍。但其质量能量密度较低，金属氢化物储罐的重量是汽油罐的 4 倍左右，使其在运输方面受限，镧和锂等材料可改善重量问题，但价格昂贵，而且金属氢化物容易发生材料中毒导致储氢能力下降。

6.3 应 用 挑 战

1. 氢储能在新型电力系统应用的展望

氢储能将应用于新型电力系统"源网荷"的各个环节，呈现电氢耦合发展态势。针对氢储能在新型电力系统应用面临的挑战，对氢储能在新型电力系统的未来发展进行展望。

广义氢储能为主、狭义氢储能为辅。现阶段应以推广效率高、成本低的"电-氢"广义氢储能方式为主，直接为我国的交通、建筑和工业等终端部门提供高纯度氢气。在狭义氢储能的"氢-电"转化环节，充分利用氢燃料电池的热电联产特性，实现不同品位能量的梯级利用，提高能量的转化效率。

针对氢储能成本过高的问题，积极探索共享储能、融资租赁、跨季节价差套利等多元化商业模式来降低成本。与此同时，通过设立氢储能产业发展基金、借助资本市场拓展氢储能融资渠道、加强绿色信贷支持氢储能基础设施建设等方式，构建氢储能金融政策体系。

未来，随着新能源电力价格以及电解资本支出的下降，氢储能中的电解系统成本将大幅下降。当电价为 0.5 元/(kW·h) 时，碱水电解和 PEM 电解的单位制氢成本分别为 33.9 元/kg 和 42.9 元/kg，而当电价下降为 0.1 元/(kW·h) 时，上述数值分别仅为

9.2元/kg和20.5元/kg。与此同时，随着规模效应和技术成熟，碱性和PEM电解槽投资成本将以每年9%和13%的学习率下降，氢燃料电池和储氢罐成本也分别以11%~17%、10%~13%的速率下降。

充分发挥市场力量促进氢储能发展，借助"加快建设全国统一大市场"的契机，构建氢能市场、电力市场和碳市场的多层次协同市场，促进氢储能发展。在氢能市场方面，积极探索我国氢能市场交易中心、结算中心建设，并关注氢能进出口国际贸易，可从拥有丰富可再生能源资源的沙特阿拉伯、智利等国家进口低成本绿氢，并利用我国海上风电制氢优势向日本、韩国等高氢氨需求国家出口氢氨能源。

在电力市场方面，我国电力辅助服务市场建设尚处于初级阶段，需要健全覆盖氢储能的价格机制，探索氢储能参与电力市场的交易规则；在碳市场方面，未来将被纳入碳交易体系的八大行业，既有直接生产氢气的化工行业，也有钢铁、建材等氢气需求行业，需要积极探索氢能行业合理的碳价信号，引导高碳制氢工艺向低碳制氢工艺转变、高碳用氢环节向低碳用氢环节转变，并推动绿氢的碳减排量纳入核证自愿减排量（CCER）市场交易。最后，加强氢能市场、电力市场、碳市场的顶层设计和规划，做好政策协调和机制协同。

积极探索氢能运输方式的最优组合。我国风光资源集中在"三北"地区，水资源集中在西南地区，而氢能主要需求在东南沿海地区，呈逆向分布。在氢能短距离运输方面，高压气态拖车运氢具有明显成本优势。以20MPa压力为例，当运输距离为200km以下时，氢气的运输成本仅为9.57元/kg；而距离增加至500km时，运输成本将近22.3元/kg。此外，该方式人工费占比较高，下降空间有限。

因此，在氢能长距离运输方面，需要积极探索以下多种新兴方式：①利用现有西气东输、川气东输等逾80000km天然气主干管网和庞大的支线管网，掺入一定安全比例（5%~20%）氢气进行输送；②利用我国世界领先的"十四交十二直"26项特高压工程输电线路，采用"特高压输电+受侧制氢"模式进行氢气虚拟运输；③利用液氨储运的成本和安全优势，将液氨作为氢气储运介质，采用"氢-氨-氢"模式进行氢气运输。据预测，当运输距离为10000km时，2030年液氨运输成本大概在16.7元/kg，2050年下降至4.7元/kg。未来需要进一步对比多种新兴路线的技术经济性，寻求氢能运输方式的最优组合。

氢储能发展加速电力系统形态演进，氢储能的大规模发展将加速电力系统形态演进，促进新型电力系统建成：①氢储能可以突破新能源电力占比的限制，促进更高比例的新能源发展，快速支撑新型电力系统内新能源装机占比和发电占比超过50%；②电解制氢、储氢和氢燃料电池发电可构建微电网系统，进行热、电、氢多元能源联供，有效解决偏远地区清洁用能的问题，并提高微电网在电力系统中的渗透率，增强新型电力系统的抗风险能力；③氢储能作为电力系统"源网荷储"多侧的关键灵活性资源，可促进"源网荷储"各环节协调互动，实现新型电力系统在不同时间尺度上的电力电量平衡；④氢储能系统可以作为能源枢纽之一，可在源侧、荷侧实现多能源互补。在电源侧，氢储能促进"风光氢储一体化""风光水火储氢一体化"等多能互补综合能源基地建设，在用户侧，制氢加氢一体站可以与加油站、加气站和充电站进行合建，形成综合能源服务站。

2. 氢储能在新型电力系统应用的挑战

氢储能可有效补充电化学储能的不足，助力新型电力系统的发展，成为未来实现能源结构转型的重要技术方向。现阶段，我国氢储能在新型电力系统中应用的机遇与挑战并存。氢储能在新型电力系统应用挑战现阶段，受技术、经济、政策和标准等因素的制约，氢能在新型电力系统中的应用仍面临诸多挑战。

氢储能系统效率相对较低，现阶段抽水蓄能、飞轮储能、锂电池、钠硫电池以及各种电磁储能的能量转化效率均在70%以上。相对而言，氢储能系统效率较低。其中，国内"电-氢"转化过程的碱性电解水、PEM电解水和固体氧化物（SO）电解水制氢效率分别为63%～70%、56%～60%和74%～81%。广义氢储能仅考虑"电-氢"转化过程，SO电解效率与其他储能具有可比性，而碱性和PEM相对较低。"氢-电"转化过程的燃料电池发电效率为50%～60%，其中有大部分能量转化为热能。狭义氢储能的"电-氢-电"过程存在两次能量转换，整体效率仅有40%左右，与其他储能的效率差距明显。

氢储能系统成本相对较高。当前抽水蓄能和压缩空气储能投资功率成本约为7000元/kW，电化学储能成本约为2000元/kW，而氢储能系统成本约为13000元/kW，远高于其他储能方式。其中，燃料电池发电系统造价约9000元/kW，占到总投资的近70%。基于PEM和SO技术的可逆式燃料电池（RFC）可以将燃料电池和电解池集成于一体，从而降低投资成本。然而，国内RFC技术与国际先进水平有一定差距，主要体现在技术成熟度、示范规模、使用寿命和经济性方面，关键核心材料也主要依赖进口。

电氢耦合政策体系仍不完善，针对电氢耦合的顶层规划和激励机制尚不完善。氢能已被国家作为中长期科学和技术发展的重点研究方向，氢储能也被明确纳入"新型储能"，但关于电氢耦合的顶层规划有待完善。在顶层的补贴与奖励方面，2020年国家层面已发布《关于开展燃料电池汽车示范应用的通知》，采取"以奖代补"方式，对符合条件的城市群开展燃料电池汽车技术研发和示范应用给予奖励。该政策间接性地推动了氢储能系统的示范和规模化。但在上游的电解水制取绿氢环节，仅有部分省份出台了政策性的电价优惠，相应的顶层激励机制仍然缺失。

电氢耦合标准体系仍不健全。随着氢能产业的快速发展，标准对氢能产业发展的规范和支撑作用也日趋明显。我国于2008年批准成立了全国氢能标准化技术委员会（SAC/TC309）和全国燃料电池及液流电池标准化技术委员（SAC/TC342），分别构建了我国的氢能技术标准体系和燃料电池标准体系。

截至2021年4月，现行氢能相关国家标准共计95项，涉及氢安全、临氢材料、氢品质、制氢、氢储运、加氢站、燃料电池和氢能应用等方面。但国家标准层面主要集中在氢能应用燃料电池技术方面，其他领域氢能技术标准相对薄弱，且有相当部分标准的制定年限较为久远，现阶段适用性不强。因此，在电氢耦合方面，仍需进一步加快制定/修订新能源制氢、电制氢加氢一体化、可逆式燃料电池、电氢耦合系统运行等标准。技术标准是个复杂系统工程，需要再进一步提升政、产、学、研各方的协同水平。

6.4 氢 电 技 术

与传统化石燃料一样，氢气也可以用于氢内燃机（ICE）发电。但由于燃料电池能将氢的化学能直接转化为电能，没有像普通火力发电机那样通过锅炉、汽轮机、发电机的能

6.4 氢电技术

量形态变化，可以避免中间转换的损失，达到很高的发电效率，而且更高效环保，所以更具实用性。

可再生能源的氢储能应用中，重点关注使用纯氢作为燃料的固体高分子型质子交换膜燃料电池。它具有高功率密度、高能量转换效率、低温启动、环保等优点。影响质子交换膜燃料电池性能的三大关键是质子交换膜、电催化剂和膜电极。高性能的质子交换膜技术被国外厂家垄断，价格昂贵；电催化剂一般采用铂，价格高昂，近年的研究已使膜电极上铂载量明显减少；膜电极是影响 PEMFC 性能、能量密度分布及其工作寿命的关键因素，对其制备工艺和结构优化的研究最为关键。

燃料电池按其工作温度不同，把碱性燃料电池（AFC，100℃）、固体高分子型质子交换膜燃料电池（PEMFC，100℃以内）和磷酸型燃料电池（PAFC，200℃）称为低温燃料电池；把熔融碳酸盐型燃料电池（MCFC，650℃）和固体氧化型燃料电池（SOFC，1000℃）称为高温燃料电池。

燃料电池须组成电堆才可大规模发电，因此要发展高均一性的电堆技术，组成大容量联合循环发电系统。同时，燃料电池发电系统通常还需配置一个辅助储能环节，弥补燃料电池动态响应上的不足。燃料电池产生的直流经换流器转为交流及电池与系统连接运行时，应对交流波形、高次谐波、故障分析和保护等问题进一步研究，采取专门的措施稳定并网。

第3篇 "光储直柔"技术

第7章 "光储直柔"技术

"光储直柔"（photovoltaics，energy storage，direct current and flexibility，PEDF）是指通过光伏等可再生能源发电、储能、直流配电和柔性用能来构建适应碳中和目标需求的新型建筑能源系统。

"光储直柔"技术结合光伏发电、储能和柔性电网的综合能源系统技术，核心思想是光伏发电与储能技术相结合，通过储能设备将光伏发电能量存储起来在需要的时候使用。光储直柔技术与柔性电网技术相结合，实现对电能的灵活调度和管理。

7.1 技术架构

高比例可再生能源结构下，新型建筑配用电具备新技术："光""储""直""柔"。"光"和"储"分别指分布式光伏发电和分布式储能；"直"指建筑配用电网的形式发生改变，从传统的交流配电网改为采用低压直流配电网；"柔"则是指建筑用电设备应具备可中断、可调节的能力，使建筑用电需求从刚性转变为柔性。"光储直柔"建筑配电系统典型系统架构如图7-1所示。

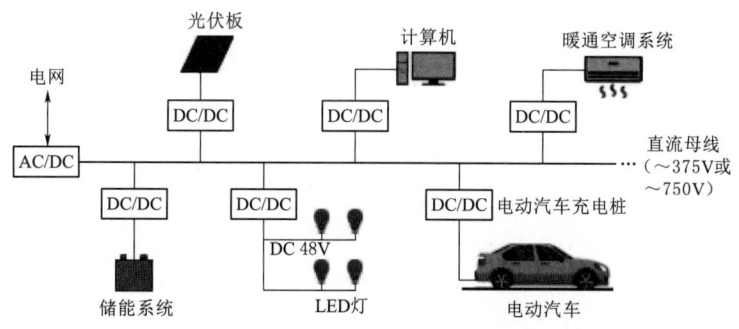

图7-1 "光储直柔"建筑配电系统典型系统架构

利用建筑表面敷设光伏板、充分利用建筑作为光伏等可再生能源的生产者是实现建筑低碳发展的重要途径；储能是实现建筑能量蓄存、调节的重要手段，需要建筑层面整体考虑储能方式，包括建筑周围停靠的电动汽车等都可以作为有效的储能资源；直流化是实现建筑内光伏高效利用、高效机电设备产品利用的重要途径，系统内设备通过DC/DC（直流）变换器连接到直流母线，在建筑内打造出直流配电系统。

第7章 "光储直柔"技术

"光储直柔"建筑的最终目标是实现建筑整体柔性用能,使得建筑从传统能源系统中仅是负载转变为未来整个能源系统中具有可再生能源生产、自身用能、能量调蓄功能"三位一体"的复合体,也是建筑面向未来低碳能源系统构建要求应当发挥的重要功能。

7.1.1 "光"

"光"即光伏发电技术。光伏发电是未来主要的可再生电源之一,而体量巨大的建筑外表面是发展分布式光伏发电的空间资源。

近十几年来,光伏发电技术有了快速的迭代与进步。从美国国家可再生能源实验室(NREL)更新发布的光伏组件光电转化效率曲线图(Best Research - Cell Efficiency Chart)看,光电转化效率实验室已达到47.1%。当前量产晶体硅组件的效率也很容易达到22%以上,且成本下降到过去的1/10。可以看到很多新兴的光伏发电技术正在取得快速的进步,以钙钛矿光伏为例,仅仅用了8年的时间效率在原有基础上提升了70%以上。

目前晶体硅光伏组件,即便没有补贴,在一般工商业电价、居民电价的条件下,已经具备了很好的技术经济性。考虑建筑外观多样性和未来光伏应用总量要求,建筑立面光伏会随着光伏发电技术的进步逐渐变成建筑的新装。

建筑自身光伏如何有效利用、如何实现更好的"产消一体"是发展建筑光伏利用的重要问题。具体到单个建筑,则需要关注建筑光伏发电与建筑自身用能之间的匹配关系。不同类型建筑的用能特点不同,建筑自身用能具有很大的波动变化特点。

光伏发电能力受到光伏板自身性能、安装方式、所安装区域的太阳辐照度等多重因素影响,建筑自身用能与自身光伏发电之间的关系需要深入探讨,不单是两者总量之间的简单对比,更应该注重的是逐时用电特征与光伏逐时出力之间的关系,以便更好地判断建筑自身光伏是否可实现自我消纳。

从"光储直柔"建筑构建需求来看,建筑应当明确其作为可再生能源产消者的重要作用,区分出建筑到底是作为生产者还是以自我消纳为主的定位。

7.1.2 "储"

"储"就是分布式蓄能,广义上说有很多种方式,包括电化学储能、储热、抽水蓄能等。这里重点是指电化学储能,尤其是利用电动车本身的电池,以及利用建筑围护结构热惰性和生活热水的蓄能等。电化学储能是形式之一,且近年技术发展最为迅速。电化学储能技术具有响应速度快、效率高及对安装维护要求低等优点。建筑中应急电源、不间断电源等已普遍采用电化学储能。

我国电动汽车每年的产销量已达百万辆,五菱宏光电动汽车耗电量10kW·h/100km,新势力和比亚迪等电动汽车耗电量70~100kW·h/100km。未来电动汽车实现双向充放电,不仅能满足电动汽车的交通工具属性,也能够成为电力在末端的调节手段。

充分利用建筑围护结构热惰性和生活热水也是蓄能调节的有效手段。比如,夏天办公楼早一点开启空调,或者用电高峰时在满足舒适度的条件下适当减少空调开启台数,或者在夜间利用谷电(未来主要是风电)把家里的生活热水加热等,这些看似微不足道的行为对于电力的负荷迁移发挥着举足轻重的作用。

电力系统的储能需求不只来自于电源侧和电网侧,负荷侧同样需要储能。而在建筑中应用的储能属于表后储能(Behind-The-Meter Energy Storage),是指在用户所在场地建设,接入用户内部配电网,以用户内部配电网系统平衡调节为特征,通过物理储能、电化学电池或电磁能量存储介质进行可循环电能存储、转换及释放的设备系统。

随着分布式光伏和电动汽车与建筑配用电系统的融合发展,储能有利于提高建筑配用电系统的可靠性,同时允许建筑以虚拟电厂的角色参与电力系统的辅助服务。建筑中可利用的蓄能资源如图7-2所示。

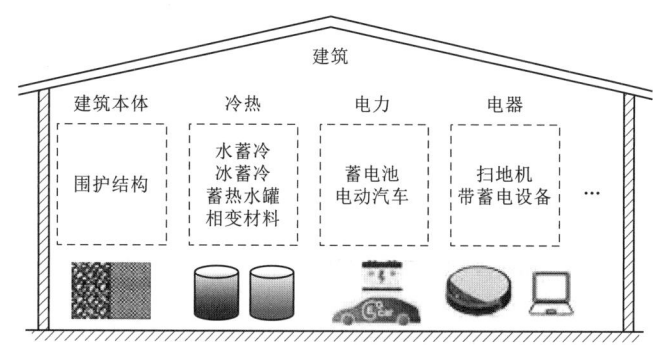

图7-2 建筑中可利用的蓄能资源

依靠现有储能电池等方式实现能源/零碳电力系统的调蓄,需要投入极大的成本,这就需要经济性合理、可负担的调蓄方式。为此可探索的路径包括:一方面寻求降低储能成本、提高储能技术的方式,对于电池等储能技术的研究一直是热门领域;另一方面则是降低对储能/蓄能容量的需求,寻求替代的方式、寻求减少投入的路径,这就使得建筑侧成为重要调蓄资源具有重要意义。

储能/蓄能可不再局限于传统的化学电池、压缩空气、储氢等方式,而是从建筑整体、建筑内部可利用、可调度资源来重新认识建筑领域的蓄能手段和相应的储蓄能力。从建筑侧来看,建筑内可利用的各类具有储能/蓄能能力的设备、设施都可以作为"光储直柔"系统中的储能资源,这就需要重新认识、刻画建筑中可利用的储能方式及其可发挥的作用。

7.1.3 "直"

"直"即直流技术。直流与交流相比具有形式简单、易于控制、传输效率高等特点,在航空、通信、舰船等专用系统中大量采用直流供电系统。但由于过往技术的局限性,直流变压困难、传输距离有限,在建筑低压配电系统中一直采用交流形式,随着电力电子技术发展,直流变压问题逐步得到解决,建筑直流供电系统重新为行业所关注。

在建筑中采用直流供电系统目的在于利用直流简单、易于控制的特点,便于光伏、储能等分布式电源灵活、高效地接入和调控,实现可再生能源的大规模建筑应用。同时,利用低压直流安全性好的特点,打造本质安全的用电环境。直流建筑的重要特征就是"光伏、储能、直流、柔性"以及四者的协同。低压直流配电系统结构如图7-3所示。

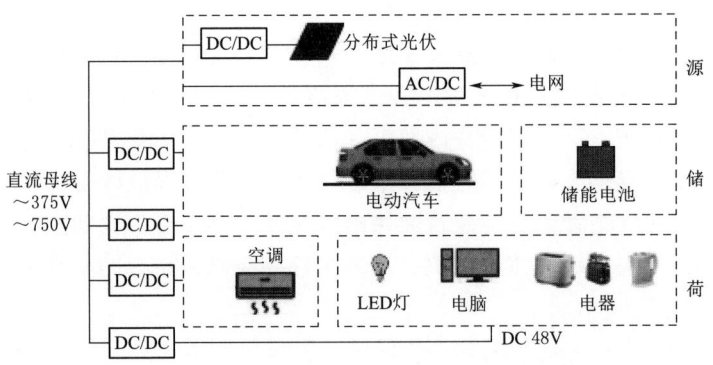

图 7-3 低压直流配电系统结构

低压直流配电系统，除了直流配电系统自身的优势，其发展契机得益于供给侧与需求侧的发展变化为其应用提供了有利条件。一方面光伏等可再生能源输出为直流电，直流配电系统可以更好地发挥建筑光伏利用的优势；另一方面建筑机电设备中越来越多的高效设备直流化或利用直流驱动（如直流电器 LED 照明、直流驱动的 EC 风机、直流调速离心冷水机组等高效产品）。传统交流配电网络中须将交流电转换为直流电来满足高效机电设备的需求，而直流配电系统有望省去交直变换环节，系统更简单，与用电设备的高效发展需求更匹配。

直流配电系统的电压等级、安全保护、设计选型及相应的软硬件产品等是构建直流配电系统的重要基础，一直以来对直流系统中电压等级选取等问题尚未在建筑用电领域形成统一规定，仅对电压等级、确定原则等进行了探讨。

目前，《民用建筑直流配电设计标准》（T/CABEE 030）已正式颁布实施，为建筑低压直流系统的设计、运行等提供了重要基础。该标准建议电压等级不多于 3 级，并推荐采用 DC750V、DC375V 和 DC48V，可根据设备接入功率需求选取适宜的电压等级。

明确电压等级、系统中各类负荷负载组成的基础上，"光储直柔"系统中的各类负载、光伏、储能等通过有效的 DC/DC 变换器接入建筑直流配电系统，并最终通过直流母线与外部交流电网之间的 AC/DC 变换器连接，根据各类负载电器、用能/供能/蓄能设备所需的电压等级来实现分层分类变换，满足各自需求。

7.1.4 "柔"

建筑柔性理念及如何实现柔性用能是当前国内外研究的热点，国际能源署 IEA EBC Annex 67 项目（2014—2020 年）对建筑柔性进行了初步探索：建筑柔性是指在满足正常使用的条件下，通过各类技术使建筑对外界能源的需求量具有弹性，以应对大量可再生能源供给带来的不确定性。

柔性用能是"光储直柔"系统的最终目标，期望将建筑从原来电力系统内的刚性用电负载变为灵活的柔性负载。要实现建筑柔性用能，一方面需要将建筑融入整个电网或电力系统中，进一步理解电网侧需要建筑用能实现什么样的效果；另一方面则是在建筑内部能够对电网要求的柔性用能进行有效响应，通过调度建筑内部的系统、设备等满足电网侧的调节需求。

"柔"是指建筑用电设备应具备可中断、可调节的能力，使建筑用电需求从刚性转变为柔性。从电力系统发展趋势来看，我国未来将建成以风光电为主体、其他能源为有效补充或调节手段的低碳电力系统，这一目标的实现需要"源储网荷"多方位的协调配合。风光电的发电特点是波动大，电网供给侧的特征变化使得其需要可供调节、应对波动的有效手段。若负载侧能够适应未来电力供给变化的特点，则可有效降低对电网侧储能、调蓄能力等的要求，这也是可主动作为、争取成为未来低碳电力系统中柔性负载的重要意义。

对于电网来说，建筑柔性用能为其提供了一个可供调节、利用的灵活负载，但通常单个建筑的规模体量较小，难以与电网的大规模电力调度、系统调节直接联系。因而在实际中往往需要将多个建筑集合，作为一种负荷聚集体来参与电网调度，才有可能实现有效的调节，这就使得负荷聚集体及其与电网之间的互动模式变得十分重要。

未来建筑与电网互动时，电网可将调度响应指令下发给负荷聚集体，由负荷聚集体负责根据电网的调度指令进行负荷响应，并将负荷响应指标分解、下发给所聚集的建筑，各建筑再经由这种调度指标来各自响应。负荷聚集体可由多类不同功能、不同体量的建筑组成，并可根据建筑的功能和柔性调节能力在电力调度中优化其响应指标，这样才有可能使得建筑成为电网中真正有用的灵活负载，由多个建筑聚合才能使建筑具有电网调度中虚拟电厂的功能。

7.2 柔性并网技术

"光储直柔"建筑要实现与电网友好互动、柔性用能，需要与城市电网进行灵活互动，提高电网供需平衡的调节能力，发挥建筑调度能力，实现柔性调节。从而解决电网供电可靠性和电能质量下降等一系列问题，创造良好的经济、环境和社会效益。

7.2.1 "光储直柔"配电系统调控原理

1. 交流外网的接口 AC/DC

"光储直柔"配电系统包括其与交流外网的接口 AC/DC、与光伏电池的接口 DC/DC_P、与蓄电池的接口 DC/DC_B、与充电桩的接口 DC/DC_C，以及与其他用电终端的接口 DC/DC_T。这些接口都是带有可编程控制器的智能变流器。以下分别讨论各个接口的调控逻辑。交流外网的接口 AC/DC 调控方式示意图如图 7-4 所示。

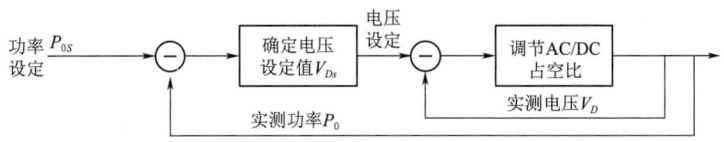

图 7-4 交流外网的接口 AC/DC 调控方式示意图

外界调度系统通过通信给定此时要求的从外电网进入的交流电功率设定值 P_{0S}，AC/DC 按照恒定输出电压的模式控制直流母线电压 V_D。

实际输入的交流功率 P_0 不等于 P_{0S} 时,根据二者的差修正直流母线电压 V_D。当实测的 P_0 高于功率设定值 P_{0S} 时,降低直流母线电压以减小 P_0。

实测的 P_0 低于设定值 P_{0S} 时,提高直流母线电压以提高 P_0。当调整的 V_D 达到直流母线电压上限 V_{max} 时,维持电压在 V_{max},此时输入功率将小于要求的输入功率设定值 P_{0S}。由于负载太小,无法消纳多的外来电力,只能违约。

如果违约付出代价高于少消耗电力节省的电费,可以调整光伏电池接口 DC/DC_P,通过弃光减少接纳的光电,AC/DC 仍按照要求取电功率 P_{0S} 控制。

当调整的 V_D 已达直流电压母线的下限 V_{min},而输入功率 P_0 仍大于要求的设定值 P_{0S} 时,就只能维持直流母线电压于 V_{min} 以保证正常的电力供应需求。

当经过 AC/DC 的输入功率为零时(外网要求或外网供电故障),AC/DC 失去对直流母线电压的控制权。母线连接的其他变流器仍按照原来方式工作。

如果光伏电池、蓄电池及电动汽车电池的功率能够满足用电终端功率,直流母线电压将在 V_{max} 和 V_{min} 之间浮动。

当光伏输出功率过高时,光伏电池控制器将通过弃光把母线电压维持在 V_{max};当光伏电池功率不足时,母线电压会不断下降。

当母线电压下降到 V_{min} 时,蓄电池控制器 DC/DC_B 承担起母线电压控制权,维持电压在 V_{min},直到电池电量进一步释放完毕。

2. 光伏电池的接口 DC/DC_P。

光伏电池的原理是不断地改变 DC/DC 的升/降压比以调整输入到直流母线的电流,最终使其从光伏电池接收最大的功率。同时,DC/DC_P 还要检测母线电压,当发现母线电压 V_D 高于 V_{max} 时,改为按照电压设定值 V_{max} 控制输出电压的模式,光伏电力过高时弃光。当发现已无法维持 V_{max} 时,就放弃母线电压的控制权,返回按照最大接收功率模式调控。

3. 蓄电池的接口 DC/DC_B

蓄电池通过监测直流母线的电压确定充/放电功率。考虑到直流母线的沿程压降,由于蓄电池组可能在任何位置连接,所以要设置一个电压死区,只有当母线电压高于电压死区上限时才开始充电,低于电压死区下限时才开始放电。

实际运行中,按照上述简单逻辑调控,也有可能在需要蓄电时电池已充满,或在需要蓄电池放电时已无电可放。为了避免出现上述问题,也可以采用 AI(人工智能)的方式通过连续监测直流母线电压变化,掌握建筑全天电力供需关系的变化。识别出可能出现需要加大蓄电功率(母线出现高电压)和需要加大放电功率(母线出现低电压)的时间段,从而对全天的充/放电策略进行优化,在需要大功率充电前留出足够的充电容量,在需要大功率放电前蓄存足够的电量。

4. 充电桩接口 DC/DC_C

智能充电桩与传统的充电桩的最大区别就是由电力系统的供需关系决定充/放电与否和充/放电电流,不是由电动汽车中的电源管理系统决定。与前面所讨论的蓄电池接口控制逻辑的区别是在判断直流母线电压高低的同时,还要考虑所连接的各电动汽车电池的电量,优先保证电量偏低的车先充电。

智能充电桩要先获取所连接的电动汽车电池参数,包括允许的最大和最小充电电流和电池当前的电量（百分比）。不同的电量百分比对应不同的开始充电的直流母线电压设定值，电池电量百分比越高，开始充电的直流母线电压设定值越高。

只有测出直流母线电压 V_D 高于这一可开始充电的直流母线电压设定值时，充电桩才开始充电，并且其充电电流也随电压 V_D 变化，V_D 越高充电电流越大。对于允许放电的汽车，开始放电的直流母线电压设定值也由电池的相对电量决定，相对电量越大，则开始放电的直流母线电压设定值越高。

当直流母线电压不是太低的时候，只有相对电量很高的汽车电池向直流母线放电；只有当测出直流母线电压很低时，更多的汽车电池才参与通过放电向建筑提供电力的行动。无论充电还是放电，电流都要随母线电压变化而变化，充电时电压越高充电电流越大；放电时电压越低放电电流越大。

5. 建筑内用电电器

根据其调节性能和调节方式可分为：平移延时型、变功率型、可切断型负载3种类型。平移延时型设备包括蓄热水箱、空调冰/水蓄冷系统、冰箱、冷柜、洗衣机、排污泵等及自身带有蓄电池的可充电电子电气设备。使用 AI 技术通过学习直流母线一天内的电压变化规律，识别出一天内需要多用电和尽可能避免用电的时间段；通过学习设备自身的运行规律，得到其需要的连续运行时长及开停时间比。根据这些信息即可制定一天内的优化运行规划，避开设备在电力紧缺时段运行，尽可能将设备自行调整到在电力过剩时段用电。

变功率型设备包括可通过变频或其他方式进行功率调节的用电设备，如分体空调机、多联机式空调机、风机、水泵、变频扶梯、电梯等。这些设备自身都带有控制调节装置，可通过变频或其他方式改变用电功率。在"光储直柔"配电系统中，可测量直流母线电压，根据电压高低决定运行功率的修正系数。直流母线电压高，则修正系数就高，可高达1.1，表明要在控制器输出的调节指令基础上进一步加大输出，以增大用电功率10%；当直流母线电压低时，修正系数就低，最低可至0.5，也就是降低转速或通过其他手段降低实际的用电功率。

7.2.2 "光储直柔"微网的互联互通

直流微网单元的互联互通入口 AC/DC 的容量可设置范围为 100~500kW。系统容量过大，则要求的电力电子器件容量大、成本高。由于需要更多的蓄电池组接入，多个蓄电池组的 DC/DC_B 接口也存在相互协调的问题。于是，对于一座大型建筑，可以分成若干个"光储直柔"单元，各自通过 AC/DC 接入交流网，同时各个"光储直柔"单元之间可通过联络线互联互通。

一片区域的多个建筑之间也可以分别建成"光储直柔"的微网，按照图 7-5 "光储直柔"单元的拓扑结构方式互联互通。

互联互通就是通过专门的双向 DC/DC_L 连接2个单元的直流母线。每个单元的直流母线可以通过这种方式与其他2个

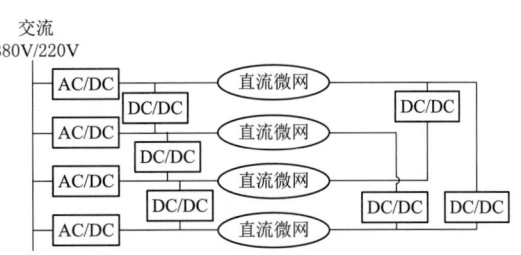

图 7-5 直流微网单元的互联互通

或 3 个单元互联互通。DC/DC$_L$ 内的调控逻辑决定其工作方式：当两侧的直流母线电压差小于某预定的设定值时，关断 DC/DC$_L$，2 个单元相互独立；当一侧的直流母线电压高于另一侧，且高出量超过预定的设定值时，开通 DC/DC$_L$，从高电压侧向相对低电压侧供电，供电电流也由两侧的电压差决定，电压差越大，供电电流越大。这样，供电侧的 DC/DC$_L$ 对于其所在微网，就等效于一个用电单元，且用电功率随母线电压而变化。

微网光伏发电功率 P_V 和网上的供电功率 P_0 之和高于当时各个用电末端功率时，可以帮助其消纳剩余电量。而对于 DC/DC$_L$ 的受电侧，则相当于一个光伏电源或放电的蓄电池，可提供额外的功率以缓解其电力供应的不足。这种"手拉手"的互联互通的目的是使得各个直流微网相互协调，使各自的储能能力和调节能力得到充分利用。但并不是通过这样的连接来保障某个微网从外电网取电回路出现故障时的供电可靠性。

互联的 DC/DC 功率仅需要为该回路总功率的 20%~30% 即可，否则不仅增大系统投资，还会盲目加大各微网的 AC/DC 容量，导致其控制逻辑复杂化。多个"光储直柔"微网通过这种方式的互联互通，可以提高各个设备的利用率，并在不增加系统冗余备用容量的前提下显著提高供电可靠性。

7.2.3 "光储直柔"配电系统与大电网的协同

电力系统根据电网的电力供需关系，要求"光储直柔"配电系统某时刻的用电功率为 P_0，此时 AC/DC 可恒定输出功率 P_0。直流母线输入功率为 P_0+P_V，其中 P_V 为光伏发电的输入功率。由于各用电设备和蓄电装置的功率随直流母线电压的变化而自行变化，所以当包括蓄电池和充电桩在内的各用电设备的总功率等于 P_0+P_V 时，如果直流母线电压处于要求的上限电压 V_{max} 和下限电压 V_{min} 之间，则系统维持平衡。

用电设备试图增大功率，使总功率高于 P_0+P_V 时，直流母线电压下降，此时各用电设备将自动根据电压下降程度减小自身用电功率；蓄电池、充电桩也根据电压下降程度减小充电电流，甚至转换为通过放电向系统提供部分功率。这样，随着直流母线电压的下降，系统从外电网的取电功率不断下降，最终重新平衡到 P_0+P_V。反之，如果各用电设备试图降低功率，从而使总功率低于 P_0+P_V，母线电压就会升高，各用电设备就会根据电压的升高自动加大自身的用电功率，蓄电池、充电桩也会自动增大充电功率，这样，从外网取电的功率就会重新平衡在 P_0 上。

外电网和光伏发电的供电功率 P_0+P_V 过大，而各用电设备和充电装置功率过小时，直流母线电压达到允许的上限 V_{max}，此时就要通过 AC/DC 减小从外电网引入的电功率 P_0 和调节光伏发电的 DC/DC，通过部分"弃光"使母线电压稳定在 V_{max}；而当外电网和光伏发电的供电功率过小，小于当时各用电设备的总功率，而各蓄电装置也已经无电可放时，AC/DC 将加大供电功率，使直流母线电压维持在 V_{min}，以保证基本的用电需求。建筑"光储直柔"配电系统工作原理图如图 7-6 所示。

在这 2 种情形下，系统从外电网的取电功率会出现小于或大于要求的用电功率 P_0 的现象，此时"光储直柔"配电系统就不能实现严格按照要求的取电功率从外电网取电。是否会出现这种工况取决于系统内各用电设备功率的可调节能力，也取决于系统设置的蓄电池和当时所连接的电动汽车的蓄电池容量。"光储直柔"配电系统的工作原理如图 7-7 所示。

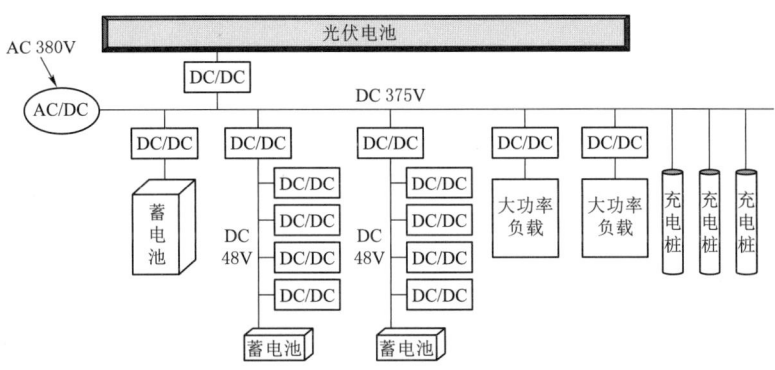

图 7-6 建筑"光储直柔"配电系统工作原理图

"光储直柔"配电系统内部各个发电、用电和蓄电环节都是根据母线电压的变化而自行调控的，不需要统一决策，也不需要各个用电单元的相互通信。系统通过其交流入口的 AC/DC，根据要求的输入功率设定值调节直流母线电压来实现输入功率的调整。根据情况，从交流网输入的功率设定值有 3 种确定方式。

（1）根据预定的分时电价，尽可能避开电价高峰期用电，尽可能使用低谷电力。这时在 AC/DC 控制中设定高、中、低电价的时段，每天晚上根据全天的用电状况估计第 2 天用电量，然后根据自身的最大用电功率，对各时段的用电功率作出规划，尽可能在低谷时段从交流网获取全天的用电量；不足时，从次低谷时段补充。按照这一规划，得到第 2 天每个时刻供电功率的设定值。第 2 天按照这一曲线严格控制从外电网的取电功率。这样的调控，可以在目前的分时电价政策下使"光储直柔"配电系统获得最大的经济收益。

（2）纳入当地电网的调度系统，实时根据调度要求调整，使"光储直柔"建筑成为一个虚拟的灵活电源或柔性负载。这时电网调度可以根据电网供需状况随时下达"光储直柔"配电系统从网上取电的设定值，系统可及时响应，按照要求的运行。一座 $10000m^2$ 的办公建筑采用"光储直柔"配电系统后，如果连接 100 个智能充电桩及电动汽车，其瞬态功率可以在 0~1MW 灵活调节。当有 100 座这样的采用"光储直柔"配电系统的建筑（以下简称"光储直柔"建筑），对其进行联合调度，就相当于 1 个功率为 10 万 kW 的灵活调节负载，且具有很快的瞬时调节能力。这对参与电网的平衡调节，为电网调频、调压可以起到很大作用。"光储直柔"配电系统移动储能如图 7-7 所示。

（3）如果在与"光储直柔"系统同一个电网中有集中的风电或光电基地，则可以很容易地建立"光储直柔"系统与风电、光电基地之间的互动关系。根据风电、光电发电状况动态分配每个瞬间"光储直柔"系统从电网的取电量，如果"光储直柔"系统能够准确地按照这一要求的取电功率运行，就可以认为这座"光储直柔"建筑使用的完全是风电、光电，属于零碳运行建筑。

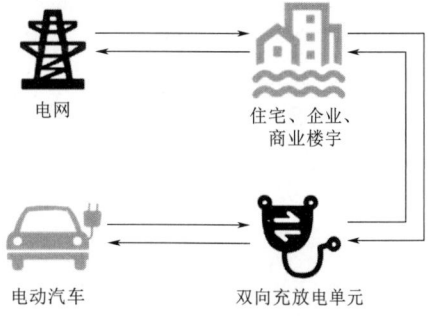

图 7-7 "光储直柔"配电系统移动储能

第7章 "光储直柔"技术

电网上连接多座"光储直柔"建筑,并同时连接集中的风电、光电基地时,可以要求每天晚上各座建筑向风电、光电调度中心提交第2天在不作调节时全天需要从电网取电的取电曲线。风电、光电调度中心根据气象中心预报的第2天天气状况、各座建筑上报的取电曲线和每座建筑具有的调节能力,通过优化分析,扣除在用电高峰时段需要为电网提供的电量,将剩余电量合理地分配给每座"光储直柔"建筑。为每座建筑提供要求的从电网取电的日变化曲线,使其日总量与申报值相同,而设定的取电曲线与上报的取电曲线之差的绝对值积分面积就是"光储直柔"系统需要通过其柔性进行的调节任务。

各座"光储直柔"建筑严格按照这一曲线运行调节,就可以认为其运行用电完全源于风电、光电基地,从而可以实现风电、光电的有效消纳。根据上述两曲线之差的绝对值积分面积,也就是"光储直柔"系统所完成的调节任务,电网可支付其调节费用。而如果"光储直柔"建筑不能严格地按照要求的取电曲线从外网取电,则其偏差部分的绝对值积分,又可作为依据,由"光储直柔"建筑交纳罚金。"光储直柔"系统需求侧响应如图7-8所示。

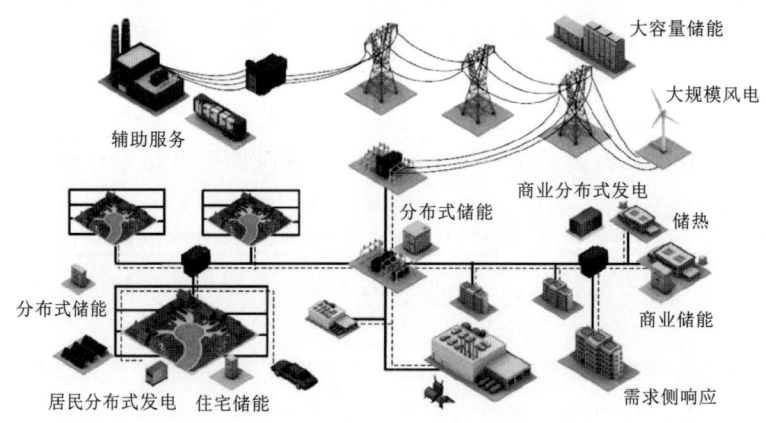

图7-8 "光储直柔"系统需求侧响应

根据当地的电力政策,采用"光储直柔"系统的建筑可选择不同的模式与电力部门协调,协助解决当地电力系统的主要矛盾,并从参与调节中获取收益。目前煤电仍然是我国电力系统的主要电源,这就导致白天由于用电负荷高而供应侧不足,夜间煤电难以下调而供应侧过剩,此时,"光储直柔"系统就可大幅度减少自身的日间负荷,而加大夜间的用电功率。这就是按照分时段电价的调节模式。随着风电、光电在电源中的比例增加,风电、光电的有效消纳逐渐转变为发展新型电力系统的瓶颈问题。此时,采用上述模式,就可以准确地通过电网接收风电、光电,实现风电、光电的有效消纳,并使得自身建筑成为完全依靠零碳电力运行的建筑。

7.3 技 术 标 准

为构建"光储直柔"直流建筑标准体系,对国内外相关标准化工作梳理,明确标准体系的构建原则和构建目标。

7.3.1 标准体系

"光储直柔"直流建筑是助力国家实现"双碳"目标的重要组成部分。"光储直柔"直流建筑是一种新的建筑形式,但它的各组成元素的技术发展却都相对成熟。"光储直柔"直流建筑的标准体系将呈现一个多行业、多领域技术融合的综合体。构建"光储直柔"直流建筑技术标准体系是一项系统性、综合性工程,应坚持以下原则。

1. 目的性

"光储直柔"直流建筑标准体系的设计目标就是为了规范"光储直柔"建筑健康有序发展,从而在建筑行业范畴内探索出实现"双碳"的有效路径。

2. 系统性

坚持标准体系的整体性优化,既要体现标准体系自身的系统性,又要保证与其他相关技术体系的互联互通,全局性谋划、战略性布局、整体性推进标准体系建设。

3. 协调性

坚持各领域标准间的统筹协调,确保各组成要素与子系统之间、子系统与系统整体之间的平衡协调,既保证领域划分的衔接性,又保证各领域标准不交叉重复。

4. 开放性原则

无歧视对接世界范围内相关标准化组织,积极吸纳各级组织机构、区域联盟、跨国集团发布的先进适用技术标准,积极促进科技发展新成果与工程实践新经验的标准转化,促进标准化工作公开透明、公开共赢。

5. 扩展性

坚持持续创新、不断拓展,既保持标准体系整体架构的相对稳定,又要顺应能源技术、电力技术、信息技术的发展趋势,满足能源电力创新发展需求。

7.3.2 标准内容

基于"光储直柔"直流建筑标准体系,按照技术领域、标准系列、具体标准层次结构,通过相关技术标准现状梳理与需求分析,重点开展以下标准布局。

1. 设计与评估

从设计的角度,设计规范是工程设计的基本依据,是建筑设计标准化的重要组成部分,是工程建设技术管理中的一项重要基础工作。从评估的角度,评价标准是为贯彻落实"光储直柔"理念,推进建筑节能减碳的措施而设计的标准。在建筑电气方面还需要评估建筑电气可靠性、建筑电气的安全性、建筑电气节能效果、建筑电气系统柔性度等。目前,相关标准均空白。

2. 建筑电气系统设计

现有的建筑电气系统标准都是基于交流三相电设计,标准体系相对完善。而"光储直柔"直流建筑采用直流配电系统,尽管现有直流系统在输电领域已经具备成熟的应用技术和完善的标准体系,但直流配电系统相关标准多关于轨道交通、数据中心等特定的应用场所,不完全适用于工业建筑、住宅、商用办公等大型建筑。直流建筑供电系统的相关标准目前几乎处于空白状态,因此,亟须制定和完善直流建筑供电系统相关标准。

第 7 章 "光储直柔"技术

3. 电气系统控制与保护

"光储直柔"直流建筑与电网的柔性互动是实现低碳的关键，其系统、设备和人身的安全稳定可靠运行则是应用的保证，因此需要在柔性控制装置、数字化柔性互动技术要求、保护技术要求、人身防护技术要求等方面开展标准化工作。

4. 直流计量

构建直流计量标准体系是创建和谐建筑与和谐直流的重要内容，是提升建筑直流计量管理水平的重要手段。在传统能源装备与检测设备的计量体系中，直流电能表应用较少，缺乏生产标准和成熟产品，各国计量院尚未建立直流电能计量基准，电能计量领域的规程、标准以交流电能计量为主。因此亟须开展包括计量配置标准、计量装置标准、量值溯源、运行维护、故障处理、更新改造等内容在内的标准体系建设。

5. 电能质量

"光储直柔"直流建筑系统电能质量问题存在多种特殊性，原有传统电力系统的电能质量标准显然不适应"光储直柔"直流建筑系统的发展要求。然而，目前与低压直流密切相关的标准仅有 2 个：《低压直流系统标准电压等级及电能质量现象评估》（IECTR 63282）、《中低压直流配电电压导则》（GB/T 35727）。因此亟须修订和完善"光储直柔"系统电能质量标准，规范"光储直柔"技术应用和工程建设。

6. 调试与验收

"光储直柔"直流建筑的电气系统调试目的是验证直流配电系统在实际运行中功能和性能是否可以达到设计要求，并通过实际测量尽可能找出实际运行存在的问题，通过分析找到解决方案，为系统调适与直流建筑项目建设方法改进提供宝贵建议和经验。但是《建筑电气工程施工质量验收规范》（GB 50303）不涉及电气系统的调试与验收，只是分别对主设备、材料、成品、半成品的安装要求。由于"光储直柔"直流建筑的电气系统需要和光伏部件、储能单元等联合调控，加之存在变换器、开关设备及家用电器等关键直流电气设备，因此需要增加相应电气系统和主要电气设备调试与验收的标准。

7. 关键设备技术要求

目前"光储直柔"直流建筑所用的交直流接口设备主要包括低压交流开关、隔离变压器、交直流变换器、直流接地装置、直流低压开关、直流系统绝缘监测装置、直流插头插座和直流家用电器等。因此需要制定变换器、开关设备、直流插头插座、家用直流电气及柔性负荷的技术规范。

8. 运行管理

目前暂无"光储直柔"直流建筑相关运行与管理标准，可参考光伏、储能、充电站、微电网运行与管理的相关标准制定本系列标准。关键是要明确责任主体、运维机制、边界等。同时在"光储直柔"直流建筑的范畴内，光伏、储能、电动汽车等都需要运行维护，应明确责任主体、维护周期、报废管理等。

9. 工程设计

"光储直柔"直流建筑是在建筑领域应用光伏、储能、直流和柔性 4 项技术，通过直流连接分布式光伏和储能实现用电负荷的柔性控制。建筑光伏系统、储能系统、直流配电系统和柔性控制系统都需要相关标准覆盖设计、施工、检测与评价、验收和运行维护的全

过程，并针对光伏系统、储能系统、直流配电系统、电网及建筑智能用能设备之间相互协调控制的接口开展标准化工作

10. 典型应用场景与特殊要求

考虑"光储直柔"直流建筑在直流家居、新农村建设、商业楼宇、工业园区、市政建设、传统交流建筑改造等领域的推广应用前景以及特殊使用需求，也需要针对性的制定相关标准。

7.4 政策支持

"光储直柔"是建筑领域面向碳中和重大需求、实现技术创新突破的重要途径，目前已受到广泛关注并得到国家、部委等层面的政策支持。

我国积极推动低碳事业发展，承诺于2030年达到峰值，努力争取2060年前实现碳中和。有研究表明，建筑领域高度电气化是能源系统低碳发展的前提。为实现巴黎协定的碳中和目标，建筑领域需要达到2个"90%"的目标，即建筑用能量中电的比重90%和建筑用电量中非化石电的比重90%。

国务院关于印发《2030年前碳达峰行动方案》的通知中"城乡建设碳达峰行动"部分明确指出："提高建筑终端电气化水平，建设集光伏发电、储能、直流配电、柔性用电于一体的'光储直柔'建筑"。"光储直柔"建筑配电系统将成为建筑及相关部门实现"双碳"目标的重要支撑技术。

住房城乡建设部《"十四五"建筑节能与绿色建筑发展规划》提出："十四五"累计新增建筑光伏装机容量0.5亿kW；建设以"光储直柔"为特征的新型建筑电力系统，发展柔性用电建筑；在满足用户用电需求的前提下，打包可调、可控用电负荷，形成区域建筑虚拟电厂，整体参与电力需求响应及电力市场化交易，提高建筑用电效率，降低用电成本。

国家发展改革委、国家能源局印发的《"十四五"新型储能发展实施方案》中指出，要"聚焦新型储能在电源侧、电网侧、用户侧各类应用场景；实现用户侧新型储能灵活多样发展"。

《关于完善源绿色低碳转型体制机制和政策措施的意见》中指出，要"鼓励光伏建筑一体化应用；发挥需求侧资源削峰填谷、促进电力供需平衡和适应新能源电力运行的作用；支持用户侧储能、电动汽车充电设施、分布式发电等用户侧可调节资源，以及负荷聚合商、虚拟电厂运营商、综合能源服务商等参与电力市场交易和系统运行调节"。

工信部、住房城乡建设部等联合发布的《智能光伏产业创新发展行动计划（2021—2025年）》指出，要"提高建筑智能光伏应用水平。积极开展光伏发电、储能、直流配电、柔性用电于一体的'光储直柔'建筑建设示范"。这些政策支持为"光储直柔"建筑的推广应用提供了重要支撑，也对合理构建"光储直柔"系统、开发系统关键设备、开展工程应用等提出了迫切需求。

建筑是能源电力消费的主体之一。截至2018年，建筑运行过程（不含工业建筑和建筑建造）所消耗的商品能源达10亿t标准煤，占全国能源消费总量的22%；其中建筑运

第 7 章 "光储直柔"技术

行的电力消费量达 1.7 万亿 kW·h，占全社会总用电量的 26%。建筑用电消费量仍在快速增长，近 5 年建筑用电量的年均增速超过了同期全社会总用电量的平均增速。在低碳发展成为全球共识的背景下，建筑领域电气化也成为未来发展趋势。

建筑电气化的技术路径不仅包括推进电能替代、提高建筑电气化率，还要促进建筑配用电系统的发展，提高其灵活性、安全性、可靠性和高效性，从而适应未来高比例的可再生能源渗透和差异化的供电服务需求。未来的建筑配用电系统不再是单纯的消费者，它将会与城市电网深度融合为电网提供支持和辅助服务，使能源系统直接受益；会与电动汽车、分布式发电等互相协同，灵活整合多种能源；并且促进城市建设和新能源技术发展。

从电力系统来看，随着可再生能源在电网侧高比例渗透率提高的趋势，以及伴随着极端天气随之而来的用户侧极端负荷增多，使得负荷曲线峰谷明显，电网调度问题、用户用电需求等证明了"光储直柔"技术的重要性。

"光储直柔"技术将多余的光伏发电能量存储起来，在电网负荷高峰期释放出来使用，从而平衡电网负荷，减少对电网的压力。通过光储直柔技术，家庭或企业更好地利用光伏发电产生的电能，提高自给自足能力，减少对传统电网依赖。"光储直柔"技术通过柔性电网技术的应用，实现对电能的灵活调度和管理，提高电网的稳定性和可靠性。

"光储直柔"技术是一种综合能源系统技术，通过光伏发电、储能和柔性电网的结合，可以提高能源利用效率，减少对传统电网的依赖，提高电网稳定性，并降低能源成本。随着技术的不断发展和成熟，"光储直柔"技术在未来的应用前景广阔。

第 8 章　融合新型电力系统

光伏发电利用太阳能进行电力生产，减少对传统化石能源的依赖，减少温室气体的排放。储能技术将电能储存起来，解决了光伏发电的间歇性问题。柔性输电技术实现电能的高效传输和分配，提高了电力系统的稳定性。"光储直柔"是将光伏发电、储能和柔性输电技术相结合的新型电力系统。"光储直柔"技术融合实现电力系统的高效、可靠和可持续发展。

8.1 技 术 作 用

建筑作为城市电力消费的主体，发展"光储直柔"建筑，除了促进建筑自身节能、提高建筑用电体验外，对于解决城市电网面临的电网增容压力、可靠性提升压力等都有积极作用。

8.1.1 削减夏季空调负荷峰值

空调是导致夏季负荷峰值的主要原因之一。根据深圳市公共建筑能耗监测平台的数据显示，2019 年公共建筑的单位面积用电指标为 $109 kW \cdot h/m^2$。其中，照明与插座的用电量占比最大，达 62.7%；空调用电次之，为 26.5%；其余的动力用电和特殊用电占比为 10.8%。选取典型日负荷曲线看，照明插座、动力用电和特殊用电受季节的影响较小，而空调用电负荷则有明显的季节差异性。

光伏的发电峰值跟公建用电负荷峰值相重叠，积极开发建筑光伏发电资源有利于减小建筑负荷的日间峰值。季节性上光伏发电峰值也与空调负荷峰值重叠。因此，发展"光储直柔"新型建筑配用电系统对于削减夏季空调负荷、缓解空调负荷逐年增长的压力有积极作用。

8.1.2 缓解电网增容压力

"光储直柔"新型建筑配用电系统以直流配用电网为平台发展分布式能源、分布式储能和需求响应技术，实现建筑电力负荷的灵活调节，从而减少建筑对外部能源的使用量，同时削峰填谷使外部供电负荷曲线趋于平稳，提高既有电力设施利用率的方式，延缓甚至避免配电基础设施的升级改造。在当下增扩容所能带来的边际效益越来越低的情况下，这种方式可能比单纯的电网增容更加经济。

8.1.3 增强电网供电可靠性

保障供电可靠性一直都是电网规划、建设和运行调度的关键目标,电网企业在保障供电可靠性方面承担了巨大的社会责任。现阶段供电可靠性的实现主要是依靠电网侧电力设施冗余配置实现,这不仅使电网企业承担了巨大的投资压力,也制约了可靠性进一步提高。实际上,供电可靠性保障应是电力供需双方的责任,在用户侧增加分布式电源,利用直流微电网接入简单、调控灵活的优势,能够有效地提升用电的可靠性,并且配合峰谷电价、需求响应等激励政策,还能够降低用户的用电成本。发展"光储直柔"新型建筑配用电系统,充分利用两部制电价和峰谷电价差,可从用户侧进一步降低用能费用。

8.2 应用实例

"光储直柔"建筑是面向未来低碳能源系统发展需求的建筑新型能源系统探索,各方面研究尚待不断深入,一些问题也有待突破,需要在实际案例示范、应用中进一步完善该新型建筑能源系统方式。目前,部分建筑中开展了"光储直柔"系统的应用探索。

8.2.1 深圳市建筑科学研究院股份有限公司未来大厦

深圳市建筑科学研究院股份有限公司未来大厦是"光储直柔"系统应用的标志性案例。该系统配置了150kW的光伏系统,通过具备MPPT(最大功率点跟踪)功能的直流变换器接入建筑直流配电系统的直流母线;储能配置总容量为300kW·h,依据储能电池使用目的、负载运行特点,采用了建筑物集中储能、空调专用储能和末端分散储能形式;

直流配电系统采用了DC±375V和DC48V两种电压等级,充电桩、空调机组等大功率设备接入DC750V母线,DC±375V母线负责建筑内电力传输,楼层内采用DC+375V或DC-375V单极供电,DC48V特低电压配电主要覆盖人员频繁活动的办公区域。直流负载总用电容量达到388kW,设备类型涵盖了办公建筑内除电梯、消防水泵等特种设备之外的全部用电电器。

通过集成应用"光储直柔"技术,实现建筑配电容量显著降低。如果按照常规办公楼的配电设计标准,该建筑至少须配置630kVA的变压器容量,该项目对市政电源接口仅配置了200kVA直流变换器,比传统系统降低近70%,有效降低了建筑对城市的配电容量需求。深圳市建筑科学研究院股份有限公司未来大厦"光储直柔"系统如图8-1所示。

8.2.2 清华大学超低能耗示范楼

清华大学超低能耗示范楼目前已初步建成了具有实验研究平台功能的"光储直柔"系统。该系统配置了20kW的光伏系统,储能配置了3组6.6kW·h的钛酸锂储能电池,直流配电系统采用了375V的母线电压,可适用充电桩、空调机组等大功率设备直接接入直流母线,楼内照明等采用48V低压直流接入。

系统设置了可实现功率调节响应的小功率充电桩(单个6.6kW),旨在通过建筑与周围电动汽车充电桩有效互联互通,为未来将电动汽车蓄电池作为可供建筑能源系统调度响

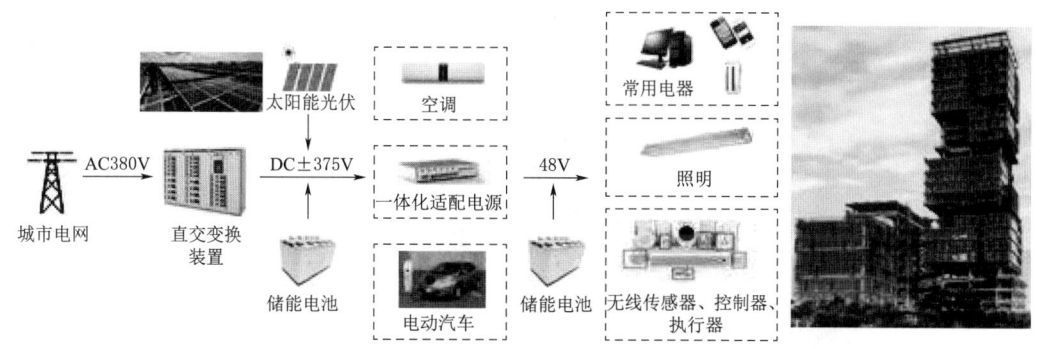

图 8-1 深圳市建筑科学研究院股份有限公司未来大厦"光储直柔"系统

应的一部分储能资源、探索未来电动汽车合理暖通空调。清华大学超低能耗示范楼"光储直柔"试验系统如图 8-2 所示。

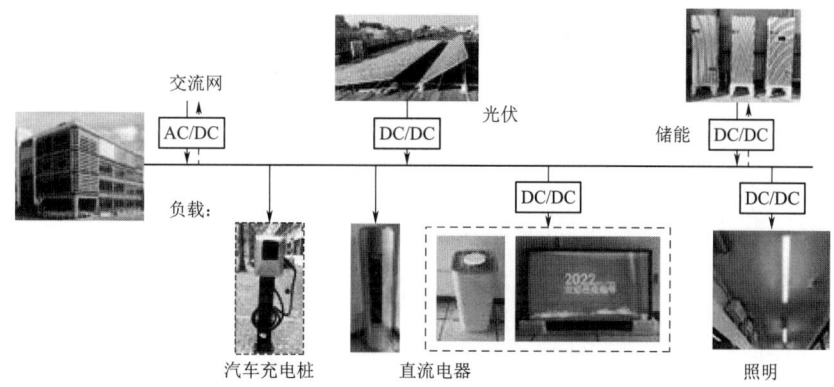

图 8-2 清华大学超低能耗示范楼"光储直柔"试验系统

8.2.3 北京建筑节能研究发展中心零碳建筑示范工程

北京建筑节能研究发展中心零碳建筑示范工程是北京市首个采用"光储直柔"系统的公共建筑改造的零碳建筑。该工程采用了 20 项国际先进零碳技术,比传统非被动式公共建筑节能 60%,每年通过光伏发电甚至可实现建筑负能源消耗。通过屋顶单晶硅结合 BIPV 直流发电,利用直流电向室内直流用电器供电,实现能源的高效利用。同时,考虑特殊情况,接入市政电力,当连续阴雨天或光伏用电不满足时使用,实现柔性用电。

建筑的光伏板面积 $515m^2$,每年发电量为 57000 度电。北京公共建筑峰值电价为 1.29 元/$(kW \cdot h)$,能耗计算结果显示,这一项目全年照明、插座、生活热水、遮阳、弱电、空调系统等全年每平方米用电量约为 $45kW \cdot h/m^2$,全年总计电量为 $53145kW \cdot h$。按电价为 1.29 元/$(kW \cdot h)$ 计算,每年电费可节省 68557 元。通过零碳改造显著降低了后期运营成本。

北京建筑节能研究发展中心零碳建筑示范工程将"光伏发电、储能蓄电,直流供电,柔性用电"相结合,是住总集团技术领域的展示工程,也为北京未来实施碳中和起到引领和示范作用,为全市乃至全国以后大规模的既有建筑零碳改造和实施提供经验,对未来既有建筑零碳改造标准的制定及其他项目的实施具有指导意义。北京建筑节能研究发展中心零碳建筑示范工程智能照明系统如图8-3所示。

图8-3 北京建筑节能研究发展中心零碳建筑示范工程智能照明系统

8.3 研 究 展 望

碳中和目标推动整个能源系统的低碳发展,在未来低碳能源系统发展要求下,建筑将不再仅是传统意义上的用电负载,而将兼具发电、储能、调节、用电等功能。"光储直柔"建筑是推动建筑承担起上述综合功能的重要技术路径,目前相关研究与实践尚处于探索阶段。面向系统设计、面向未来运行,"光储直柔"建筑仍需在多方面开展持续深入研究。

8.3.1 基础研究方面

基础研究方面需要对建筑具有的柔度、柔性调节目标等作出进一步定义、刻画。目前尚缺少建筑柔度的基本定义和合理指标,对实现何种柔度调节目标也缺少有效指导。为此,需要对建筑可发挥的柔性调节能力进行深入研究,进一步揭示建筑自身用能特征与建筑自身光伏等可再生能源供给、外部电网的电力供给之间的关系,量化描述建筑用能的柔性。

对于建筑中可利用的储能方式,除了各类储能技术自身的发展,在建筑层面需要更加关注建筑自身可利用的各类储能手段,需要建立进一步认识建筑内部各类储能资源的评价指标和方法,对建筑整体作为一种调蓄复合体形成统一认识。例如可从等效电池的角度出发,将建筑中可利用的各类资源等效为某种具有蓄放能力的电池,但各类设备具有的蓄放能力、可供调度的潜力等需要进一步深入刻画。

8.3.2 技术研究方面

技术研究方面包含关键设备产品如直流电器、直流变换器等的研发,也包括适应"光储直柔"系统的设计分析方法、调控策略和响应方法研究。实现直流系统中主要部件产品(智能电器和配电设备)的标准化是当前亟须开展的重要研究,缺少合适的直流产品是很多实际工程开展"光储直柔"应用时的瓶颈。直流机电设备电器、通用变换器接口等产品的开发，需要针对"光储直柔"系统中的应用场景确定开发需求，考虑产品适应直流母线电压变化的能力和系统柔性调节需求。

需要综合考虑建筑本体可利用的光伏等可再生资源、合理的系统架构，例如建筑光伏利用中除了依靠光伏自身的技术进步、进一步实现更高的效率与更低的成本之外，建筑设计构造上也需针对更好利用光伏提出解决方案。在此基础上需要进一步考虑建筑与电网交互的策略方法，研究将建筑作为电网中灵活负载的调节措施，与电网供给侧的发展相适应，提出实现建筑与电网友好互动的有效模式。

8.3.3 工程实践和示范应用方面

目前的应用案例多处于单种功能或单一场景层面，对于如何在大体量、多场景建筑中提出合理的"光储直柔"系统构建方案、建立合理的设计方法都需要进一步探索。

建筑功能场景中，需要对各类建筑场景中基于"光储直柔"构建新型建筑能源系统开展探索，选取更适合开展"光储直柔"系统构建的场景。在单体示范应用基础上，应进一步探索针对区域级建筑实现柔性用能的措施和方法。

第4篇 运行及维护

第9章 分布式光伏电站运行及维护概述

20世纪70年代后,随着现代工业的发展,全球能源危机和大气污染问题日益突出,传统的燃料能源正在一天天减少,对环境造成的危害日益突出,同时全球约有20亿人得不到正常的能源供应。在这种背景下,全世界都把目光投向了可再生能源,希望可再生能源能够改变人类的能源结构,维持长远的可持续发展,这之中太阳能因具有取之不尽用之不竭、无污染、廉价、利用自由等特点从而成为人们重视的焦点。太阳能每秒钟到达地面的能量高达80万千瓦,假如把地球表面0.1%的太阳能转为电能,转变率5%,每年发电量可达$5.6×1012kW·h$,相当于当前世界总能耗的40倍。正是由于太阳能的这些独特优势,20世纪80年代后,太阳能电池的种类不断增多、应用范围日益广阔、市场规模也逐步扩大。

9.1 我国分布式光伏电站发展概况

作为光伏发电一种重要而广泛的发电组织形式,分布式光伏电站通常是指利用分散式资源装机规模较小的、布置在用户附近的发电系统,它一般接入低于35kV或更低电压等级的电网。

统计数据显示,2017年我国分布式光伏电站累计装机容量为29.66GW;2018年我国分布式光伏电站累计装机容量达到了50.61GW;2019年我国分布式光伏电站新增装机1220万kW,达到62.81GW,同比增长41.3%。预计到2022年我国分布式光伏电站累计装机容量将突破100GW,2023年将增长至129.8GW左右。

我国分布式光伏电站累计装机容量及发展趋势如图9-1所示。

光伏扶贫作为国家十大精准扶贫项目之一,"十三五"期间国家实行全面脱贫战略,光伏扶贫电站建设呈现井喷发展。然而,与装机容量迅猛发展相比,分布式光伏电站运行及维护(以下简称运行及维护)存在着诸多问题,有些问题已经严重影响了光伏电站的使用寿命和发电收益,主要产生的问题包括:

(1)电站一般建于偏远地区,运行及维护存在现实困难。

(2)运行及维护人员相对缺乏,且其专业程度不足,许多是完全没有电气/电力背景人员(如从火力发电厂转产人员等),定期必要的保养与维修意识不足、能力不够。

(3)因运行及维护人员专业程度不够,因而出现故障难以及时发现与处理,从而影响发电收益。

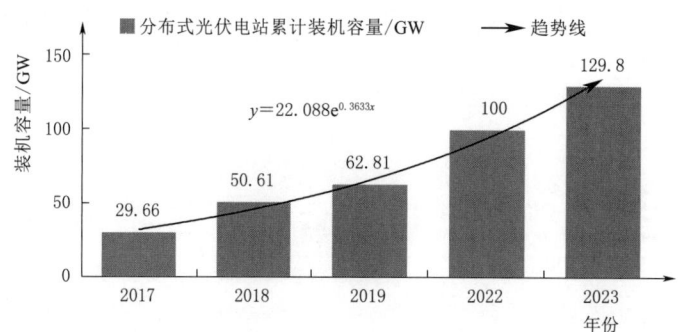

图 9-1　我国分布式光伏电站累计装机容量及发展趋势

（4）电站设计寿命通常为 25 年，为降低运行及维护难度，往往设置专业监控与运行及维护设备，其在客观上提高了对运行及维护人员专业程度的要求。

综上所述，作为光伏发电行业的主要发展方向之一，分布式光伏电站在全国范围内得到了广泛应用，同时屋顶分布式光伏电站成为了发展的新热点。通常情况下，分布式光伏电站的数量较多、规模相对较小且分布较为广泛，同时各个光伏电站之间具有一定的独立性，这都给光伏电站的监管工作造成了一定的困难，从而导致越来越多的光伏电站在运行及维护管理方面出现了相应的难题，严重制约了分布式光伏电站的健康发展。分布式光伏电站发展势在必行，在注重推广建设和设备质量的同时，拥有一套先进的运行及维护管理系统是十分必要的。

9.2　分布式光伏电站运行及维护指导原则

典型分布式光伏电站系统运行及维护管理的一般性指导原则有：

（1）运行及维护管理的最终目的是在保证人员和系统安全情况下，尽可能维持最大发电能力。

（2）正常运行时，各主要设备温度、声光报警设备等均不应出现异常情况，若出现则须按事先设定的维护程序进行维修或更换。

（3）因意外或质保原因，电站设备及部件产品性能下降或发生故障时，应及时维修或者更换，设备受到灰尘或污秽污染时应及时清理。

（4）设备或主要部件应按相应要求保持良好的工作条件，周围禁止堆积易燃易爆物品。

（5）设备主要部件上设置的各种警示标志应保持完整，不得发生损毁或遮盖，各设备连接处应连接可靠，且依据不同情况设置措施防止蛇、鼠等小动物进入。

（6）室内、室外设备 IP 防护等级应满足设备工作及环境要求。

（7）各主要设备或部件处与正常工作相关的各类通风孔洞均应按照具体情况设置防止小动物进入或雨、雪侵入的措施。

（8）显示计量设备准确度等级应保持正常，并应按需或依一定周期进行校准。

（9）运行及维护人员必须具备与自身职责相应的相关专业技能，均应持证上岗。

(10) 应高度关注与人员安全及系统正常运行相关的各类工作保护接地系统状态是否正常。

(11) 电站运行及维护的全过程须进行详细的记录，并填写操作记录表；记录表必须由专人妥善保管，并对每次维修或故障记录进行详细的分析。

(12) 电站内一切运行及维护操作均须按相应规定多人相互监督进行，以便保证人员及操作安全。

提高发电效率，增加用户收益，是各电站运行及维护系统担负的重要任务。相对于传统发电站，分布式光伏电站运行环境差别较大，且当前运行及维护工作开展时间不长，经验不丰富，因而各类运行及维护人员担负的一个更为迫切的任务是积累各类系统运行及维护数据及故障处置经验，从而能够反过来促进各类光伏运行及维护规程、规范的完善。只有这样，整个分布式光伏运行及维护工程才会形成一个良好的闭环系统，才能从实践、技术两个方面充分保障系统安全、稳定运行。

9.3 分布式光伏电站运行及维护

除海岛、偏僻山区等局部区域外，当前世界及我国光伏电站主要还是以并网型光伏电站为主。不管光伏电站容量多少，其基本组成形式差别不大，均由光伏阵列、直流汇流箱、低压直流柜、逆变器、交流配电柜、（现场）箱式变电站、升压站等组成。光伏电站典型系统构成如图9-2（a）所示。

光伏电站按并入电网额定电压等级及并入容量，可分为集中式和分布式光伏电站。分布式光伏电站并入电网电压等级一般为交流380V、10kV、35kV。从能源消纳方式上讲，有3种型式的分布式光伏电站，分别为：

(1) 方式1。不带本地负荷，系统直接接入电网，所有电能"全部上网"。

(2) 方式2。满足本地负荷后，余电上网。

(3) 方式3。多个分布式电源，如光伏、风力发电站组成的微电网系统构成微电网。

光伏电站接入系统方式如图9-2（b）所示。图中电站A直接接入系统公共连接点（PCC），对应能源消纳方式1；电站B、C直接供给本地负荷同时接入公共配电网，对应能源消纳方式2；电站A、B、C组成小型供配电系统，外部设公共功率交换网络，对应能源消纳方式3。除此之外，随着技术经济的发展，目前有些形式的电站也会引出直流母线，供给直流负荷。

基于图9-2中光伏电站典型系统构成及其与系统连接关系可知，分布式光伏电站运行及维护目的在于：①在光伏电站监控系统对站内设备，如安防设备、气象设备、逆变器、汇流箱、箱式变电站等实时监控数据实时获取的基础上，根据客户需求，通过光伏电站运行及维护操作，为用户提供个性化、定制化、专业化的电站巡检、光伏逆变汇流设备检修、保养、抢修等专业运行及维护服务；②服务则涵盖光伏电站内逆变器、交直流汇流箱、并网柜、通信网络设备、安防及电气火灾设备、电能质量治理设备、配电设备等全方面维修保养；③根据服务任务，统筹调度、运行及维护及服务人员/车辆，实现服务过程可控、及时与完备；④将服务成果完整统一发送给用户，并将其作为相关技术人员运行及

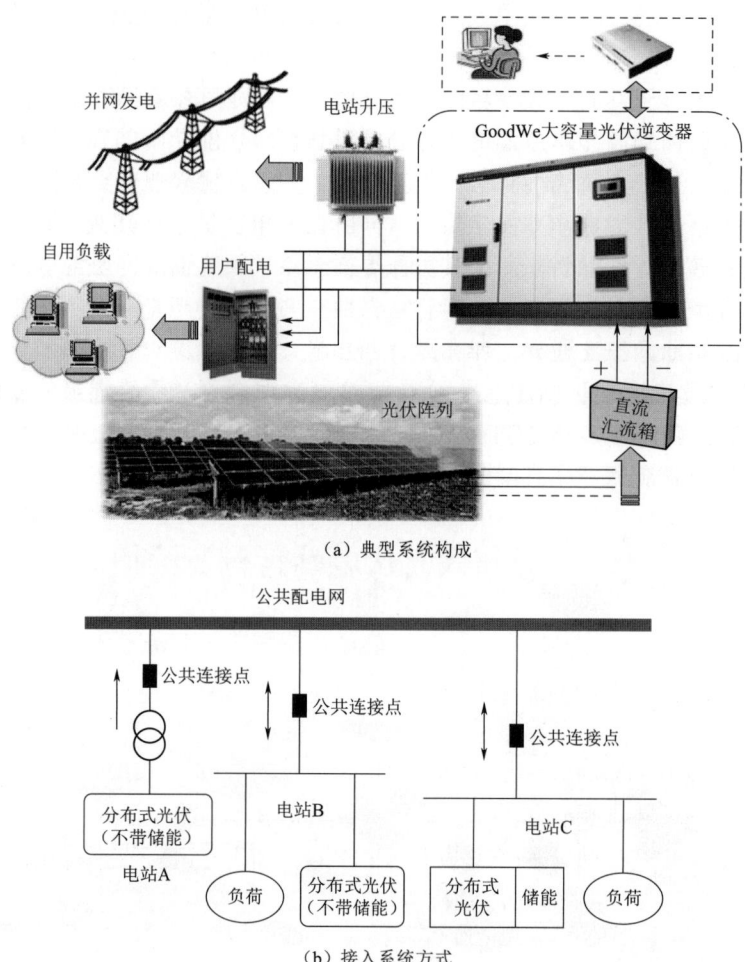

(a) 典型系统构成

(b) 接入系统方式

图 9-2 光伏电站典型系统构成及其与系统连接关系

维护操作的重要参考。通过这样一个完整闭环反馈系统为不断提升光伏电站运行及维护水平作出应有的贡献。

第10章 光伏电池组件运行及维护概述

广义的光伏电池组件由太阳能电池板、电池板安装支持装置、防雷接地系统、直流汇出系统等组成。光伏电池组件安装,要从建筑美观性、占地情况等综合考虑具体安装型式。

10.1 安 装 型 式

光伏电池组件安装较为灵活。一般情况下,当安装空间允许时,较大容量的分布式光伏电站可于地面安装;从减少占地从而节省安装空间考虑,在建筑美观允许条件下,分布式光伏电站可与建筑屋顶或墙面结合安装,采用平铺、壁挂或支架安装型式。屋顶光伏电池组件典型安装型式示意图如图10-1所示。

(a) 支架安装　　　　　　　　　　　(b) 贴屋面安装

图 10-1　屋顶光伏电池组件典型安装型式示意图

地面及屋顶光伏电池组件安装均须考虑当地实际太阳光入射角度和地面/屋顶坡度,因而多采用支架安装。整个安装系统通常由基础、焊接型钢支撑系统及铝质导轨式光伏电池板固定系统组成,少部分还会设置太阳光自动追踪系统(但从系统运行可靠性及维护成本考虑,实际并网发电光伏发电系统较少采用此种装置)。

光伏电池组件典型安装结构示意图如图10-2所示,图中A是基础,B(三角底梁)、C(三角背梁)、D(三角斜梁)三

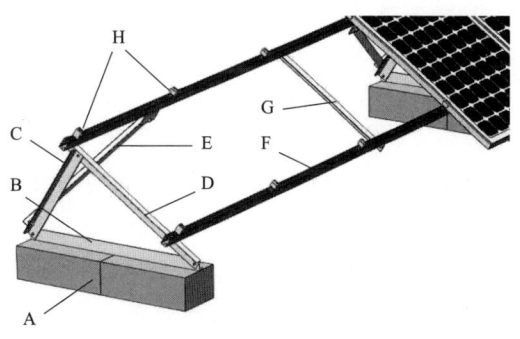

图 10-2　光伏电池组件典型安装结构示意图

147

者联合形成主支撑结构，E（后斜撑）、G（拉杆）等用来加强并将 F（横梁）连接为一个整体。通常情况下，须将基础、光伏支撑部件和光伏电池板外壳等相互焊接成一个可靠的电气通路，以便满足厂区设备防雷接地系统设计要求。

10.2 运行及维护规定

光伏电池是光伏电站的核心设备，是一切能源转换、传输的源头，因而对其进行细心科学的维护是保证光伏电站正常工作的前提。光伏电池组件运行及维护内容可从光伏电池组件及组件外周支撑系统两个方面进行阐述。

1. 光伏电池组件

（1）光伏电池组件表面出现玻璃破裂或热斑、背板灼焦、明显的颜色变化，光伏电池组件接线盒变形、扭曲、开裂或烧损，接线端子无法形成可靠、良好的电气通路时，应及时进行维修操作，必要时更换组件。

（2）定期对每一串光伏电池组件电流进行监测，对偏离值较大的须查明原因。

（3）在大风过后须对子阵光伏电池组件进行一次全面巡回。

（4）光伏电池组件更换完毕后，必须测量组件开路电压，以此判定组件状态是否正常，同时做好数据记录。

（5）光伏电池组件运行中严禁正极、负极直接或间接接地。

（6）光伏电池组件表面无污渍、划痕、碰伤、破裂等现象。

（7）光伏电池组件框架整洁、平整，所有螺栓、焊缝和支架连接牢固可靠，无锈蚀、塌陷。

（8）光伏电池组件边框铝型材接口处无明显台阶和缝隙，缝隙由硅胶填满，螺丝拧紧无毛刺；铝型材与玻璃间缝隙用硅胶密封，硅胶涂抹均匀，光滑无毛刺现象。

（9）光伏电池组件在运行中应保持表面清洁，出现污物时必须对光伏电池组件进行清洗，以保证光伏电池组件转换效率。

（10）光伏电池组件在运行中不得被物体长时间遮挡；不论因何原因，调整光伏组件位置，均须按下述计算间距 D，防止组件被遮挡，即

$$D = \frac{H\cos\beta}{\tan[\sin^{-1}(0.468\cos\phi - 0.399\sin\phi)]} \tag{10-1}$$

式中　β——太阳方位角；

　　　ϕ——带符号维度（北半球为正号，南半球为负号）；

　　　H——遮挡物与验算组件底边高度差。

（11）不论环境气温如何，光伏电池组件清洗方式均宜采用人工超擦洗，当条件允许时可采用（压力）清水清洗的方式；不论采用何种方式，清洗均不得造成光伏电池组件损伤。

（12）严禁清洗光伏电池组件背面。

（13）光伏电池组件严禁承受额外的外力，应防止外力等机械碰压光伏电池组件。

（14）光伏电池组件不可使用压力风吹扫，防止外部灰尘等因风压原因进入组件内部

致使组件损坏。

（15）光伏电池组件运行时背板无发黄、破损、污渍、温度烧穿等现象。

（16）各光伏电池组件接地线良好，无开焊、松动等现象。

（17）光伏电池组件板间连线牢固，组串与汇流箱内的连线牢固，无过热及烧损，穿管处绝缘无破损。

（18）光伏电池组件上的带电警告标志不得丢失、遮盖或故意损毁。

2. 光伏电池组件外围支撑系统

（1）在更换光伏组件时，必须断开与之相应的汇流箱开关、支路保护电器（电器应提供明显开断点）及相连光伏电池组件接线，工作时工作人员须使用绝缘工器具。

（2）任何情况下均应尽可能避免接触插头及组件支架，如因工作等原因必须接触接线时，工作人员须做好绝缘防护措施。

（3）支架基础金属预埋件应进行防腐、防锈处理，无腐蚀。

（4）混凝土支架基础无下沉或移位。

（5）固定支架间的连接牢固，支架紧固点牢固，光伏电池组件的支架构件倾角和方位角符合设计要求，防腐处理符合设计要求。

（6）基础内钢筋、光伏支架与接地系统连接可靠，电缆屏蔽层与接地系统的连接可靠。

（7）组件外围所有金属部分应通过可靠焊接以便保证管道在电气上的连通性；若存在跨接，则跨接线应穿保护管，同时跨接线长度应留有适当裕量。

（8）光伏外围支撑系统有焊接处应做到焊缝平整、饱满且防腐处理良好。

10.3 异常处理及其巡检

10.3.1 光伏电池组件异常处理

光伏电池组件电气量及非电气量异常包括温度、电压、电流、功率输出等。造成异常的因素很多，多数是因为安装阶段接线接触不良、螺丝未紧固，还有一部分是因为调试阶段各部分人员配合不认真造成。发生异常时，一般应按下述顺序检查光伏电池组件情况：

（1）定位并隔离异常组件：通常情况下，异常组件多数由监控系统发现，此时应首先由监控系统定位故障组串，然后采用现场检测手段予以确认故障；故障确认应以现场检测为准。

（2）现场测量一般采用钳形电流表测量输出异常的汇流箱和各支路电流，同时与监控系统显示数据作比较，排除由于通信问题造成的数据失真。

（3）对于支路电流为零的支路应检查支路保险是否熔断，再检查组件 MC4 插头或接线盒是否烧损，熔断的保险、MC4 插头和烧损的接线盒等应及时更换。

（4）用热成像仪检查组件表面温度。在相同的外部条件下，同一光伏电池组件表面温度差异通常应小于 20℃，以此判定光伏电池组件有无热斑或损坏，对明显有热斑或损坏的组件应当更换。

10.3.2 光伏电池组件支架及组件运行典型巡检案例

10.3.2.1 支架部分

1. 支架锈蚀处理

(1) 镀锌层厚度测量。光伏电池组件镀锌层厚度测量如图 10-3 所示。

锌镀层对于钢铁而言，属于阳极性镀层，能提供可靠的电化学保护。在工业生产中被广泛应用。图 10-3 是采用镀锌层测量仪对支架镀锌层厚度进行测量的示意图。热镀锌的厚度是光伏支架一个重要的质量和技术指标，其质量关系到结构使用的安全及耐久性。虽然已有国家及行业规范，但支架镀锌层厚度不达标仍然是支架的一个较为普遍的技术问题。

图 10-3 光伏电池组件镀锌层厚度测量

光伏组件支架材料通常以普通碳素钢和铝合金为主，普通碳素钢的材质一般为 Q235（屈服极限 235MPa）和 Q345（屈服极限 345MPa），采用带钢卷材经过冷弯、焊接、热镀锌等工艺加工成支架。热镀锌层厚度应满足现行国家规范要求，对于城市市区的分布式光伏电站来讲，将镀锌层的厚度定在至少为 $65\mu m$ 是合理且必要的，但对于重工业地带来讲，特别是有酸碱腐蚀的工业地带，建议支架厚度要适当增加，镀锌层厚度也应适当增加。另外，对管状支架应内外镀锌。有条件时，现场巡视应测量内外镀锌层厚度。

巡检过程中，应该在设备连接处、镀锌层剥落处等重点部位设置典型测量点，以便在运行期间对整个支架镀锌层状态进行抽样监控。

(2) 支架镀锌层锈蚀。镀锌层耐蚀性差的原因众多，除制造阶段钝化液因素外，还与工件表面状态、镀液状态、前处理、电镀过程操作方式、钝化后处理、电镀生产管理、工件存放条件等众多因素有关。光伏组件一般露天存放，如果环境条件较为潮湿，含有腐蚀性气体，或者环境存在腐蚀性气体（这种情况对工矿企业尤为重要），则应根据具体情况做白锈处理或氧化红锈。

1) 白锈处理。新镀好的热镀锌件以密排堆放的方式在潮湿和通风不好的环境中储存和运输时，在镀层表面会形成白色或灰色的粉状腐蚀产物，这种腐蚀产物就是通常所说的白锈。

在大多数情况下，白锈并不表明锌镀层已严重破坏，也并不一定意味着镀件的使用寿命会减少。发生白锈后，应将原先密堆的镀件摆开以使其表面迅速变干，并立即检查。当镀件表面的白锈较轻微时，应用干布擦去锈迹。在清除白锈后必须检查产生白锈部位镀层厚度，以确保留有足够的镀锌层保护钢基。

2) 氧化红锈。如果锈蚀情况不严重，可先用极细的水砂纸蘸水轻轻磨去锈斑，打磨时采用同向直线打磨方式，切忌无方向地乱磨，等完全擦净后，涂上一层底漆。若是新的刮伤,可擦净后直接涂上底漆。

光伏电池组件支架镀锌层锈蚀(红锈)如图10-4所示。

2. 支架连接件巡视

支架支撑件如檩条等一般存在中间连接件,连接件存在的典型问题是连接松弛和存在锈蚀现象。

连接松弛一般会导致电站抗压性能降低或支撑件变形,影响电站接地连续性(一般地,接地连续性只能靠焊接保证,而不能靠螺栓连接保证,这一点要求的依据即在此)及安全稳固性。电站运行过程中,巡检人员应持续跟踪支架及组件稳固性,及时加固存在松动的支架及组件;需持续跟踪支架材料腐蚀情况,及时对锈蚀材料进行二次防腐或者更换处理。

光伏电池组件支架檩条连接松弛及存在锈蚀现象如图10-5所示。

图10-4 光伏电池组件支架镀锌层锈蚀(红锈)

图10-5 光伏电池组件支架檩条连接松弛及存在锈蚀现象

10.3.2.2 组件部分

1. 支架变形及压块位置不合理造成玻璃面爆裂

变形支架及压块位置不合理易对组件表面产生应力,造成组件爆裂。造成这一问题的主要原因是变形支架及压块位置不合理,对组件表面产生过大应力,造成组件爆裂,进而影响系统发电量。

组件爆裂如图10-6所示。

2. 撞击引发玻璃面爆裂

组件表面撞击引发组件玻璃面爆裂。原因可能为施工过程中粗心大意造成或存在人为破坏情况,玻璃面爆裂影响组件透光率,水汽容易通过裂纹渗入组件内部造成短路,应及时更换问题组件,加强施工技术管理及电站运维跟踪。

组件撞击爆裂如图10-7所示。

3. 热斑效应

在一定条件下,光伏电池组件串联支路中被遮蔽的光伏电池组件,将被当作负载消耗其他有光照的光伏电池组件所产生的能量。此时,被遮蔽的光伏电池组件会发热,形成所谓的热斑效应。

图10-6 组件爆裂

图10-7 组件撞击爆裂

热斑效应会严重破坏光伏电池，为防止由于热斑效应而遭受破坏，最好在光伏电池组件的正、负极间并联1个旁路二极管，以避免所产生的能量被受遮蔽的组件所消耗。

组件玻璃面鸟粪等杂物污染是造成热斑效应的首要原因，热斑效应主要靠现场热成像设备发现。长期运行易造成组件局部温度过高，大大降低组串发电效率，进而影响系统发电性能，对热斑效应的处理手段为合理安排运维人员及时清理组件表面杂物。光伏电池鸟粪污染及组件异常发热如图10-8所示。

(a) 光伏电池鸟粪污染

(b) 组件异常发热（红外成像）

图10-8 光伏电池鸟粪污染及组件异常发热

4. 组件遮挡

光伏发电系统光电转换单元核心是光伏电池板，光伏电池板因为某种物理因素造成受光障碍，严重时也会形成热斑，最终导致系统发电效率降低。光伏电池板异物遮挡如图10-9所示，显示了两种遮挡情况，图10-9（a）组件表面被藤蔓遮挡情况。造成这一现象的主要原因在于光伏场区无运维管理或运维管理不到位。图10-9（b）则往往是施工过程不注意造成的组件安装失误。因此电站必须组织人员巡视，发现情况及时清理，从而顺利解决自然物或建构筑物阴影对电池板遮挡问题。

5. 组件EL检测异常

组件EL检测异常如图10-10所示。EL检测主要是为了检测光伏电池是否存在功率混档、隐裂片、明（暗）破片、断栅、极性错误等问题。这些隐形异常通过肉眼观察很难发现，但如果发生，会直接造成组件发热，影响组件功率输出，甚至造成组件损坏。避免组件EL检测异常除了组件出厂质量监控外，现场加强巡视是重要手段。

(a) 藤蔓遮挡　　　　　　　　　(b) 施工安装遮挡

图 10-9　光伏电池板异物遮挡

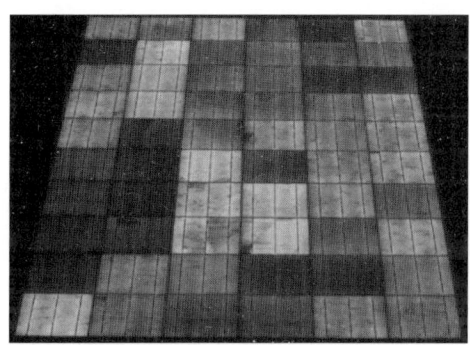 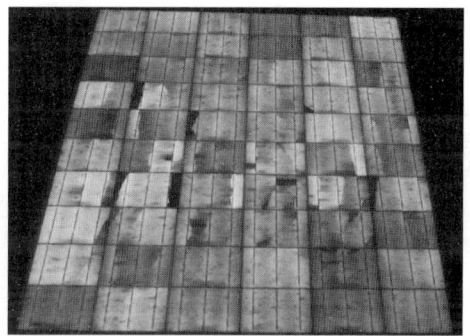

(a) 功率混档　　　　　　　　　(b) 破片及隐裂

图 10-10　组件 EL 检测异常

第11章 直流汇流箱及配电柜运行及维护概述

光伏汇流箱在光伏发电系统中是保证光伏组件有序连接和汇流功能的接线装置,是指用户可以将一定数量、规格相同的光伏电池串联起来,组成一个个光伏串列,然后再将若干个光伏串列并联接入光伏汇流箱,在光伏汇流箱内汇流后,通过控制器、直流配电柜、光伏逆变器、交流配电柜,配套使用从而构成完整的光伏发电系统,实现与市电并网。

为了提高系统的可靠性和实用性,光伏防雷汇流箱里一般配有光伏专用直流防雷模块、直流熔断器和断路器等,方便用户及时准确地掌握光伏电池的工作情况,保证太阳能光伏发电系统发挥最大功效。光伏组件典型安装形式示意图如图 11-1 所示。

(a) 直流汇流箱外观　　　　　　　　(b) 直流汇流箱内部元件及接线示意

图 11-1　光伏组件典型安装形式示意图

光伏交直流控制柜可分为光伏交流控制柜和光伏直流控制柜,光伏直流控制柜主要应用在大型光伏电站,用来实现汇流箱与光伏逆变器之间的连接,并提供防雷及过流保护、监测光伏阵列的单串电流、电压、直流防雷模块状态及断路器状态,尽可能实现直流配电柜的长时间安全、稳定运行。

11.1 技 术 要 求

直流汇流箱和直流配电柜一般由逆变器生产厂家或专业厂家生产并配套提供成型产品。产品技术指标应在电站建设地气温、降水量、风速等自然条件的基础上,根据光伏方阵的输出路数、工作电流和输出功率等参数按照系统需要配置,当没有成型产品或成品不符合系统要求时,还可以根据实际需要自己设计制作,但因非标产品经济性问题,应尽量选取标准产品。

11.2 运行及维护

1. 直流汇流箱运行及维护

(1) 投切汇流箱熔断器时,工作人员必须采取绝缘措施,防止人身触电。

(2) 在汇流箱进行工作时,须取下汇流箱各支路保险及断开连接的电池组串,断开直流配电柜对应的开关,并悬挂警示牌。

(3) 进行电池板维护工作时,太阳能组件边框必须牢固接地。

(4) 在外部条件一致时,测量接入同一汇流箱的光伏组件输入电流相对偏差绝对值不宜超过5%,否则应对相应组件进行检查。

(5) 工作人员工作时,应做好绝缘防护措施,防止人身触电。

(6) 直流配电柜开关跳闸时,应检查相应汇流箱及其连接电缆,绝缘正常后方可合闸送电。

(7) 各元件无过热、异味、断线等异常现象。

(8) 防雷模块无击穿现象,各支路保险无明显破裂,直流开关配置正确。

(9) 柜体接地线连接可靠,进出线电缆完好,无变色、掉落、松动或断线。

2. 直流配电柜运行及维护

(1) 正常运行时直流配电柜所有支路开关在合闸位置。

(2) 当直流汇流箱设备故障退出运行则相应直流配电柜支路开关应处于拉开位置。

(3) 当直流配电柜内任一支路开关跳闸,应查明原因方可合闸。

(4) 直流配电柜内直流开关损坏需更换时,相应逆变器退出运行,拉开逆变器交直流侧开关,拉开支路汇流箱内开关。

(5) 直流汇流箱正极对地,负极严禁对地短路,且其对地的绝缘电阻均应大于1MΩ。

(6) 直流汇流箱内熔断器更换时应采用同容量、同型号的熔断器进行更换。

(7) 情况紧急且不能满足(6)中条件时,可经技术经济比较暂时采用同容量熔断器更换,待条件满足时用同容量、同型号的熔断器进行更换。

(8) 直流防雷配电柜接地线连接良好。

(9) 柜内断路器的位置信号应与断路器实际位置相对应。

(10) 各支路进线电源开关位置准确,无跳闸脱扣现象。

(11) 电流表、电压表指示正常,与逆变器直流侧电压、电流指示基本相等。

3. 公共部分运行及维护

(1) 安装在室外的机箱防护等级应达到IP65,同时应具有防锈、防晒、防盐雾等性能,满足室外安装使用的要求。

(2) 配电柜及汇流箱外观干净无积灰、设备标号无脱落、锁具完好、密封性良好。

(3) 配电柜及汇流箱中碳钢等易腐蚀部件表面均应涂漆保护。

(4) 箱体和箱柜的内外表面平整、光洁,无锈蚀、涂层脱落和磕碰损伤现象,涂料层牢固均匀，无明显色差反光，无褪色、脱落现象。

（5）箱体基座和所有外露金属件均进行防锈处理，并喷涂耐久的防护层。金属构件也进行防锈处理和喷涂防护层。

11.3 异常处理及故障分析

11.3.1 直流汇流箱及配电柜异常处理

计算机监控系统显示汇流箱电气参数数据有异常时，应按下述步骤逐一进行检查：

（1）直流开关位置检查：直流开关位置及支路电压是否存在异常，若未发现异常，对直流开关进行分合操作一次。

（2）直流开关拒动状态核查：若直流开关无脱扣，则可测量开关两端电压和流过开关的输出电流是否正常。若电压正常而电流不正常，检查出线开关进出线两端电压是否一致，以判断出线开关是否拒动；若电压正常而电流不正常，则应检查电缆引出线两端接线端子是否松动及电缆是否有断线现象，确认故障后填写工作票进行处理。

（3）采集板故障检查：检查采集板运行显示、电源模块及保护是否正常，若发现保险熔断、电源模块或采集板烧损，则须办理工作票进行更换处理。

（4）上述均正常时，则应检查通信串接电缆接头是否松动、是否发生短线现象。如直流防雷汇流箱内数据采集器故障，因此处极易发展成为接地故障，故应在停电状态下进行更换或处理。

（5）如发现直流防雷汇流箱内部接线头发热、变形、融化等现象时，应拉开直流输入开关，再取下直流防雷汇流箱内熔断器，断开光伏组件输入该汇流箱的串并接电缆接头后，方可开始处理工作。

（6）当直流防雷配电柜有冒烟、短路等异常情况或者发生火警等时，值班人员有权立即进行全部或部分停电操作，根据现场情况立即断开配电柜上电源开关，进行处理。

11.3.2 直流配电柜及汇流箱故障分析及处理

11.3.2.1 汇流箱断路器跳闸

1. 故障情况

运维人员发现逆变器功率异常降低，经查看后台监控数据发现其中一汇流箱各路电流均为零，运维人员随即赶赴现场，发现逆变器正常运行，直流配电柜未跳闸但电流显示偏低，打开汇流箱查看，发现汇流箱内断路器跳闸。

2. 原因分析

由于汇流箱长期在室外露天安置，壳体封闭不严，从而造成断路器部分器件加速老化，触点锈蚀造成接触点电阻增大，生热量大，再加上现场人员操作断路器频繁，造成过多机械磨损，使断路器脱扣器损坏。

3. 处理结果

检查汇流箱内没有发现烧毁痕迹，检查各支路正、负极对地电压均正常，重新合上断路器,瞬间又跳开,最后联系厂家发货,更换断路器,故障排除,设备恢复正常运行。

4. 延伸处理

组织运维人员对现场汇流箱断路器进行综合排查,发现触点锈蚀现象 2 处,箱体密封不严现象 1 处。上报处理,及时避免了故障的再次发生。

11.3.2.2 汇流箱通信中断

1. 故障情况

运维人员经查看后台监控数据,发现其中一个汇流箱各路电流均为零,而逆变器功率显示正常,经运维人员现场直接测量确认回路工作正常,判定为汇流箱通信故障。

2. 原因分析

汇流箱 485 通信线进出箱体处磨损,造成外皮破坏、剥落;同时此处进出线处出现不明高频干扰,可能也是造成通信故障的原因之一。

3. 处理结果

更换汇流箱 485 通信线,更换主控通信模块保险,随即故障排除,汇流箱通信恢复,各路电流显示正常。

第12章 分布式光伏逆变器运行及维护概述

光伏逆变器（PV inverter 或 solar inverter）可以将光伏（PV）太阳能板产生的可变直流电（DC）转换为一定频率的交流电（AC），是光伏发电系统的核心部件之一。逆变后，交流电能可以就地消纳（离网供电或经过配电网供电），也可以经过升压后通过电力网络传送给远方用户。光伏逆变器一般可分为两类，即独立逆变器（Stand-alone inverters）和并网逆变器（Grid-tie inverters）。

分布式光伏电站采用的逆变器一般为并网型逆变器，光伏逆变器是一种专为光伏发电配备的逆变器，需要配置配合光伏阵列的特殊功能，例如低电压穿越、最大功率点追踪及孤岛保护等功能。

12.1 主要技术参数

光伏逆变器分为集中式和分布式两大类，二者除逆变电路拓扑、控制方式、使用电压等级不同外，大部分参数是一致的。

接入电网电压等级决定了设备在电力网络中的地位，因而造成设备涉网参数保护整定方面存在较大差别。分布式光伏逆变器主要技术要求示例表见表12-1，技术要求除满足国家规范外（最低要求），还应参考建设方要求确定。逆变器运行及维护其实就是围绕表中数据进行综合监控的过程。

表12-1　　　　　　　分布式光伏逆变器主要技术要求示例表

序号	名称	子项	技术要求
1	功率	逆变器额定输出功率	≤30kW
		逆变器最大输入功率倍数	1.1
2	逆变器效率	最高转换效率	≥98%
		（加权）平均效率	≥97.8%
		10%额定交流功率时效率	≥90%
3	输入参数	最高输入电压	DC1000V
		MPPT电压范围	
		最大直流输入电流	
		直流侧输入回路数	

续表

序号	名称	子项	技术要求
4	逆变器输出参数	额定输出电压	
		输出频率	49.5～50.5Hz
		功率因数	0.8超前～0.8滞后
		最大交流输出电流	
		总电流波形畸变率	≤3%
5	防雷与绝缘	直流输入对地绝缘强度	AC2000V，1min
		防雷能力	
		标称放电电流 I_n（8/20μs）	≥20kA
		最大放电电流 I_{max}（8/20μs）	≥40kA
		电压保护水平 U_p	≤1kV
6	平均无故障时间		≥10年
7	损耗	工作损耗	<100W
		待机损耗/夜间功耗	<1W
8	故障检测	接地点故障检测（有/无）	有
9	保护功能	过载保护（有/无）	有
		反极性保护（有/无）	有
		过电压保护（有/无）	有
		孤岛保护和低电压穿越功能（有/无）	有

12.2 运 行 及 维 护

光伏逆变器是联系发电系统直流功率和交流功率的核心部件，也是系统交流功率输出的核心设备，因此除检查逆变器各运行参数确认其状态正常外，还应该重点关注直流、交流、功率输出3组电气参量。直流参量包括直流电压、电流和功率；交流参量为交流电压、电流；功率输出参量则往往特指交流输出侧发电功率、日发电量、累计发电量、输出功率偏差（外部条件相同时，同型号逆变器输出功率偏差不应大于3%）。

上述电气参量监测系统运行及维护的目的，在此基础上，光伏逆变器运行及维护主要应关注下述问题：

（1）逆变器并网运行时有功功率不得超过所设定的最大功率；超出设定的最大功率，又无法恢复时，逆变器应停机。

（2）逆变器由某种原因从系统中自动解列，在系统未恢复到正常范围前，严禁逆变器再次并网；再次投入运行时，应检查直流电压及电流变化情况。

（3）逆变器正常运行时不得更改逆变器任何参数，非专业人员调试状态亦不能擅自更改逆变器参数。

（4）运行中严禁干扰或破坏逆变器散热系统正常工作。

（5）应定期对逆变器设备进行清扫工作，保证逆变器在最佳环境中工作。

（6）检修时，必须确保交流侧、直流侧从系统中隔离，同时应采取绝缘隔离措施。

（7）为保证电容等储能元件充分充放电，逆变器应当在采取适当延时措施情况下开关机。延时时间由逆变器说明书确定，一般保证不小于20min。

（8）逆变器外观完整无积灰、柜门闭锁正常、设备标识标号齐全。

（9）逆变器内外接线正确、牢固、无松动。

（10）逆变器参数整定正确、保护功能正确。

（11）监视触摸屏上的各运行参数与实测值比对正确无误，方式开关位置正确。

（12）逆变器运行时各指示灯工作正常，无故障信号；运行声音无异常。

（13）检查逆变器一次回路连接线连接紧固，无松动、无异味、无异常温度上升。

（14）检查逆变器各模块运行正常，运行温度在正常范围；环境温度在正常范围内，通风系统正常。

（15）用红外线测温仪测量逆变器进出线电缆温度；电缆无老化、发热、放电迹象；直流侧、交流侧开关位置正确，无发热现象。

（16）检查逆变器工作电源切换回路工作正常，必要时进行电源切换试验。

12.3 异常处理及故障分析

12.3.1 光伏逆变器异常处理

逆变器常见故障包括直流过压、交流过/欠压（频率）、模块故障及超温、电子元器过温，逆变器着火等，异常处理发现逆变器内部设备异常或因某种原因需要检查及更换内部设备时，应拉开直流防雷配电柜所有交直流开关，采取必要的绝缘隔离措施后方可进行工作。

1. **直流过压故障**

运行及维护过程中若发生逆变器停机、报直流过压告警故障时，应检查各直流断路器输出电压是否异常，检查支路所对应的汇流箱电压是否异常，查找各组串联电压是否异常。排除异常，电压正常后，手动投入逆变器。

2. **交流过/欠压（频率）故障**

运行及维护过程中若发生逆变器停机，报交流过/欠压、交流过/欠频率告警信息时，应检查电网电压是否正常，等电网恢复后可重新并网。

3. **模块故障及超温**

模块故障往往分为两种，一种是模块故障，另一种是模块温度过高。

运行及维护过程中逆变器报模块故障信息，通过关机后开机迫使逆变器恢复初始化，延时一段时间后并入电网，若故障依然存在则应考虑更换故障模块。

逆变器模块超温保护启动，造成设备故障停机，此时应检查设备各通风状况及风扇运行情况。若通风系统故障，观察当排除通风故障后，逆变器温度是否降低，系统是否自动投入运行；若温度不降低则可能存在有源元器件及 IGBT 元器件击穿，此时应首先考虑更换元器件；若仍旧无法工作，则考虑更换逆变器。

4．电抗器过温

逆变器滤波电抗器超温造成设备故障停机，检查设备通风状况及风扇运行情况，观察当排除通风故障后，逆变器温度是否降低，系统是否自动投入运行。若温度正常后仍无法投入运行，则考虑更换逆变器。

5．逆变器着火

逆变器着火，迅速切断着火逆变器及相邻逆变器交直流开关，将之与系统隔离，防止事故扩大；当不能进入逆变器室时，应首先断开相应箱变低压侧开关；确定断电后，使用干粉灭火器进行灭火。

12.3.2 光伏逆变器故障分析

1．电网电压超限故障

逆变器电网电压超限故障报警如图 12-1 所示。

电网电压超限问题是困扰光伏逆变器正常工作的常见也是比较顽固的问题之一。这个问题产生的原因比较复杂，和电网规模、并网点电压质量、设备自身问题等均密切相关。一般按照下述程序予以处理：

（1）检查是否机器误报。核实现场检测值和监控值是否对应，若不对应，应检查是否存在通信故障。

（2）检查逆变器交流侧接地情况。若实测零地电压异常，应对配电箱接地母排进行接地处理，检测接地电阻是否满足要求，零地电压值是否正常；检查完备后若仍不能正常工作，则应将机器重启。

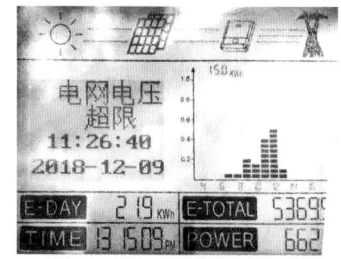

图 12-1 逆变器电网电压超限故障报警

（3）并网点电压测量。某些弱电网电压、频率不稳定、多个分布式光伏系统同时并入电网，有可能导致多机并联进而引起的谐振、电压抬升；又或者配网变压器距离并网点较远，也会由于线路对地电容过大而出现并网点电压抬升现象，导致逆变器报电网电压过高而脱网。对于前者应采取消除谐振措施，对于后者应采取过压降载功能措施，但应充分考虑过压降载后的重联问题。

2．对地绝缘电阻阻值不达标

对地绝缘问题分别按直流、交流考虑。交流侧对地绝缘电阻理论上要求不大于 1Ω，直流侧要求对地综合绝缘电阻达 $1M\Omega$ 以上。

造成交流侧接地电阻不达标的主要原因在于对地绝缘线引线可能存在断线、虚接等；直流侧对地绝缘失效的原因则有可能是部件通过外壳接地、现场直流电缆接头过多、现场接入光伏组串过多导致电缆并联数量过多等。直流侧可通过现场漏电电流监测系统判定故障位置及故障情况。

逆变器对地绝缘过低如图 12-2 所示。

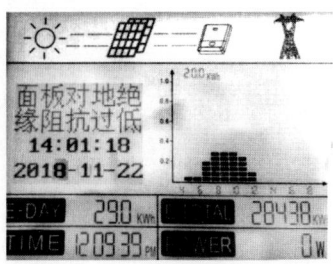

图 12-2　逆变器对地绝缘过低

第13章 升压变压器运行及维护概述

13.1 运行与维护

根据不同系统升压型式,变压器运行及维护包含以下内容:

(1) 运行中的变压器每班进行一次巡回,巡回时应关注运行声音、温升、金具连接、绝缘瓷瓶/套管表面清洁度、外壳保护接地、冷却系统、电缆穿孔封堵等,发现问题立即上报,并采取适当措施处理。

(2) 大风、雷雨、大雾、大雪等恶劣天气应增加巡视,并着重观察是否有引线摆动、洪水、污闪、接触点发热等隐患。

(3) 因各类短路故障及保护动作跳闸时,变压器可能承受较大电动力,应及时检查变压器本体、套管接头、金具等有无变形及损坏现象;变压器过负荷、满载或接近满载时应加强巡视,着重观察发热、设备绝缘及过负荷保护设备动作情况。

(4) 检查与变压器相关的各类开关/保险分、合闸位置指示是否正确,与实际运行位置是否相符;检查所有设备连接接头处连接是否牢靠,接触是否良好;检查发热部件(分合闸线圈、电缆接头、断路器接头等)是否存在发热变色、异味等;检查绝缘子、套管等表面是否清洁,外部是否有明显放电或裂痕。

(5) 因并网型变压器需要检测电网相序及频率等电参量,从而确定自身控制状态,因而变压器投运操作从高压侧充电以便为逆变器提供电网参考电量,不允许从低压侧充电,充电时低压侧断路器应在断开位置。

(6) 主变运行中和主变充电前,保护、测量及信号装置应正常投入。

(7) 箱变高压侧保险熔断后更换时,须断开箱变各侧开关,并投入接地刀闸后方可进行更换;合接地刀闸时,必须确认刀闸两侧无电压后,方可合上接地刀闸。

(8) 变压器三相负荷不平衡时,应监视最大电流相的负荷电流值不超过国家规范规定的额定值。

(9) 变压器存在较大缺陷时不允许过负荷运行;变压器短时过负荷时,电流不应超过额定电流的1.5倍,油温和绕组温度不应超过规定值,运行时间不应超过0.5h。

(10) 备用中的变压器应每月充电1次,充电前应测量绝缘电阻合格。

(11) 变压器线圈的绝缘电阻一般不低于初次在相同温度下测得值的70%,且在环境温度20℃时,电阻大于2000MΩ。

（12）箱变所测得绝缘电阻值应满足：每千伏不小于 1MΩ，吸收比不得小于 1.3；绝缘电阻低于上述规定时，变压器投入运行须经主管领导批准。

（13）为防止绕组对地及相间绝缘减弱或破坏，应分别测各侧绕组对地和各侧绕组之间的绝缘电阻；绝缘电阻低于上述规定时，变压器投入运行须经主管领导批准。

（14）主变投用时和运行中瓦斯保护必须投入运行，轻瓦斯保护应投至信号，重瓦斯保护应投至跳闸；主变大修、滤油、加油、换油或冷却器检修时，重瓦斯保护应投信号位置。

（15）"五防"机械连锁功能应正常。

（16）运行中，应经常检查带电显示器指示灯是否完好，若有损坏，应及时更换。

（17）变压器各部温度正常、油枕油位正常，且各部无渗漏。

（18）箱变基础型钢架构未发生变形、塌陷；混凝土基础不应有下沉或移位，箱体顶盖的倾斜度不小于3°；基础型钢与主地线连接和将引进箱内的地线连接牢固；外露的金属预埋件未发生腐锈；箱变的基础应高于室外地坪，周围排水畅通。

（19）箱变高压室门电磁锁和带电显示器工作正常；箱变外门应加装机械锁，门上应有明显的带电警示标志；高/低压电缆连接头、电缆终端头等应无过热，且接地和防火封堵完好。

（20）箱变各类电器接线牢固、无异音及发热现象。

（21）避雷器外观无闪络，且接地完好；端子排接线检查，端子排接线牢固。

（22）箱变各类测控装置工作正常无报警，与中控监控机通信无异常，箱变遥测、遥信、遥控信息正常。

（23）高、低压侧电缆外护层无受力挤压破损现象，无下坠现象，接线处无接触不良现象（一般用测温装置，从是否有异常温升判断）；电缆及电缆沟内温度无明显升高；电缆沟内无大量积水现象。

13.2 故障分析及处理

13.2.1 现场箱式升压变电站低压避雷器故障

1. 故障现象

光伏避雷器出现烧蚀，或者发生热击穿。

2. 故障原因分析

光伏发电项目低压侧通常采用不接地系统，相地电压受线路对地容抗影响较大，相地实际运行电压因容抗影响可能运行于高位，这一较高电压长期施加在避雷器两端，如果避雷器额定电压选择裕度不足，则可能造成热量快速集聚，从而引起避雷器损坏，严重时可能引发接地故障。

3. 处理结果

应根据现场实际运行情况，测量相对地电压，在考虑电压波动情况下计算确定避雷器持续运行电压，进而确定避雷器额定电压，将所有不满足要求的避雷器进行更换。

13.2.2 箱式升压变电站放电现象

1. 故障现象

验电器检测电缆终端部分,检测时验电器报警,后发现多台电缆终端部分和避雷器接地线有放电现象。

2. 故障原因分析

由于在电站运行期间,电缆长期运行于放电环境中,降低了电缆终端部分的绝缘性能。这种绝缘性能的非正常大幅降低原因可能为:①电缆终端制作工艺缺陷存在划痕和毛刺;②电缆终端主绝缘表面因制造或施工原因存在划痕和毛刺,导致电缆终端电场集中,造成电场分布不均匀,局部产生极端感应电压造成放电。

3. 处理结果

重新制作电缆接头,在制作过程中应严格按照箱式变压器电缆接头制作工艺和工序,主绝缘上严禁留有半导体层残留物,严禁有划痕和毛刺,并用砂纸打磨光滑,保证运行中电缆接头附近电场强度分布相对均匀,避免局部产生较高的电场强度。同时,检查现场所有电缆接头是否存在类似现象。

第14章 无功补偿设备运行及维护概述

无功功率调节系统可以为电网提供必要的电压支撑。光伏电站设计规范规定，光伏电站无功容量应满足电压分层和分区基本平衡的原则。通常要求逆变器功率因数在超前0.95～滞后0.95范围内连续可调，故一般不需为分布式电站设置独立的无功补偿装置，而是利用设在升压变压器低压侧（有升压变）或者集中安置于汇集点（无升压变）的无功补偿设备为系统提供必要的无功支撑。

分布式光伏电站长期运行实践证明：当电能就地消耗量不大或电能直接反馈电网时，该种方案是可行的；然而一旦电能就地消耗量过大，因集中设置的无功补偿设备控制信号一般取自变压器低压侧，若设备处未采取适当的抗谐波干扰措施，极有可能因谐波超标问题导致设备退出运行，进而造成高压侧关口点谐波增大及功率因数大幅降低，从而不满足并网要求。

基于前述，无功补偿设备正确设计、运行和维护是保证系统拥有充分无功功率进而保持电压稳定及良好的低电压穿越能力的关键因素。

14.1 运行及维护

1. 一般规定

（1）电容器的投、退应根据无功分布及电压情况进行，当母线电压、电流超限时，应根据厂家提供的技术参数按规定退出运行，电容器组从电网切除后至少应间隔5min方可再次投入。

（2）电容器在投入运行前，必须进行放电；在电容器上工作，无论有无放电装置，都必须进行人工放电，并做好安全措施。

（3）当系统发生接地时，应按调令将电容器退出运行，防止过电压损坏电容器；电容器开关因各种原因跳闸后，均不得强送。

（4）无功补偿装置调管设备、任何停送电操作和设备检修均应取得调度值班人员的许可。

（5）设备运行时，严禁私自打开设备网门，以防止他人和自己误入；设备运行时，保持运行设备的密闭状态，功率柜在运行时，严禁打开功率柜门。

（6）系统不正常时要增加检查次数，气候恶劣时应进行特殊检查。

（7）检查一、二次回路均须遵循"交验电，后操作"检查的原则。

(8) 检查补偿柜内声音是否正常;检查绝缘子的清洁及绝缘情况是否良好,接地连接是否可靠;检查各电气连接部位有无发热、变色现象,母线各处有无烧伤过热现象;检查母线管、穿墙套管、互感器等部位导线连接紧固,确认无灯火、过热现象。

(9) 检查电容器、电抗器各接线端子是否紧固、可靠;检查电容器、电抗器有无发热、变色、变形现象;检查电容器是否有绝缘破损或击穿现象。

2. 动态无功补偿设备 (SVG) 运行及维护

(1) SVG 在运行中严禁分断 SVG 控制柜电源;SVG 装置周围不得有危及安全运行的物体;SVG 设备检修时必须做好停电措施,设备在停电至少 15min 后方可装设接地线,任何人不得在未经放电的电抗器和 IGBT 功率模块上进行任何工作。

(2) 检查 SVG 保护装置,脉冲控制单元运行正常,无异常报警和故障信息,故障录波器运行正常。

(3) SVG 装置室外电抗器、电容器、互感器、避雷器等户外一次设备运行声音正常、无异音、无放电现象,瓷瓶无污垢、无裂纹。

(4) SVG 装置每运行一个月要进行一次灰尘清理,要用电吹风机、毛刷等依规范规程设置次序除去功率柜散热器、绝缘子、套管、空调滤网及其他部分的表面灰尘。

(5) 检查 SVG 功率柜散热用的风机运转是否良好。

(6) 为了 SVG 上级断路器合闸时对系统的冲击,其上级断路器合闸前应保证旁路接触器分闸。合闸后,要密切监控补偿设备各相功率单元电压是否正常,各相功率单元间的电压是否平衡,如有异常应及时将断路器分闸;停运时,先将补偿设备转待机运行,然后断开断路器。

14.2 异 常 处 理

无功补偿设备是系统中重要而又相对脆弱的设备,且普通补偿设备受高次谐波影响较大,发生故障时对电网运行影响大。无功补偿装置常见故障一般分为停运、温度保护动作、电容器鼓肚漏油、套管闪络放电等,其故障处理原则如下:

(1) 电容器鼓肚漏油,应立即将电容器停运。

(2) 接触部位严重发热,应立即将电容器停运。

(3) 套管发生严重闪络放电,应立即将电容器停运。

(4) 电容器严重喷油或起火,应立即将电容器停运。

(5) 温度保护动作:检查空调运行是否良好,将室内换气装置开启,打开备用空调,等待室内温度降低后重新启动设备。

(6) 装置自动停运时,应首先检查关联设备是否能正常工作,如充电接触器是否吸合、控制柜电源是否正常、连接电缆及螺钉是否松动、系统电压有无波动、是否停电等;若设备反复无故停运,则须重点关注系统谐波含量等问题。

(7) SVG 功率单元故障时,依次检查功率单元控制电源是否正常、驱动信号是否正常、电源是否正常。

第15章 配电装置运行及维护概述

15.1 运行及维护

配电装置包括断路器、隔离开关、母线、电压互感器、电流互感器、电力电容器、高压熔断器及避雷器等设备,运行及维护项目包括:

(1) 厂用母线由主供电源(主供电源引自系统或自备电站)供电,当主供电源失电,切换至备用电源。主供电源恢复后,将恢复为主供电源。

(2) 配电装置应统一编号,配电盘的前后编号必须一致,且所有配电装置外壳均应可靠接地(保护接地)。

(3) 电压互感器投入运行前应检查一次、二次保险是否投入良好。

(4) 母线 A、B、C 三相色应分别涂以黄、绿、红色,中性线应涂以淡蓝色,保护线应为黄绿相间色。

(5) 配电装置的指示仪表及指示信号灯,均应齐全完好,仪表刻度和互感器的规格应与用电设备的实际相符合。

(6) 设备的操作、控制按钮等部位所指示的"合""断"字样应与实际状态相对应。

(7) 有灭弧罩的电气设备,三相灭弧罩必须完整无损。

(8) 室内配电装置前后操作维护通道上均应铺设绝缘垫,不得堆放其他物品。

(9) 配电室的门应加装防小动物进入的挡板,门窗应关闭紧密,严防小动物入内;配电装置应保持清洁,充油设备的油位应保持正常;配电装置的电缆沟、孔洞均应堵塞严密;设备构架应根据情况定期刷漆,以防锈蚀。户外配电装置的瓷瓶应定期检测。

(10) 正常运行时,母线接触部位不应发热,通过短路电流后,不应发生明显的弯曲变形;测量保护用电压互感器不允许在母线带电状态下退出运行。

(11) 当厂用电中断时间较长,必须考虑对主设备运行的影响。各负载应立即切换到备用电源。正常、备用电源切换均考虑大量负载同时启动造成的影响,避免因投切瞬间电流过大而保护设备误动作。

(12) 送电操作前必须拉开接地刀闸或拆除临时接地线。

(13) 推进和拉出小车开关前必须检查开关在分,柜内接地刀闸在分。

(14) 开关本体设有手动跳闸机构,正常情况下禁止操作,只能在电动分不开或试验时方可使用,如电动操作拒动,应查找问题进行处理,确实需要手动操作时,应戴好防护面具和绝缘措施。

（15）在站内各动力电源盘（不含临时电源盘）装接临时电源应经当班值长同意，以书面通知单为准，送电前检查绝缘电阻合格。

（16）正常运行时，配电设备声音正常，无放电及异常振动，无绝缘烧损味；瓷质设备无裂纹和闪络放电痕迹；设备外壳接地装置良好，无松动及过流、发热现象。

（17）每年雷雨季节前应对避雷器进行检验；运行中的避雷器瓷套清洁无损伤，试验合格；雷雨发生后及时检查避雷器状态。

（18）开关、刀闸、母线、引出线及其他电气连接部分无过热、变形及接触不良；检查各传动机构有无变形、松动及损坏；各配电装置柜门关闭良好，严禁打开运行中的高压配电装置前、后柜门；检查配电设备建筑物有无危及设备安全运行的现象，如漏水、掉落杂物等。

（19）接地装置保证了系统正常运行及故障状态下的安全防护，对系统安全稳定运行至关重要，其运行及维护内容包含：

1）合接地刀闸时，必须确认刀闸所连电路无电压后，方可合上接地刀闸。
2）检查接地线连接处焊接部位是否有接触不良或脱焊现象。
3）检查接地线与电气设备连接处的螺栓是否有松动。
4）检查接地线是否有机械损伤、断线或锈蚀。
5）检查工频/冲击接地电阻值是否满足规程规定值。
6）检查所有设备金属外漏部分是否采取保护接地措施。
7）检查明敷的接地线表面应涂黄绿相间的油漆，有剥落时，应及时补漆。

（20）断路器、电气机械连锁机构、各类开关柜等配电装置"五防"机械连锁功能应正常。

15.2 异 常 处 理

（1）运行中应经常检查带电显示器指示灯是否完好，若有损坏，应及时更换。

（2）运行中的真空灭弧室出现异常声音时，应立即断开控制电源，禁止操作。

（3）断路器动作后，应查看有关的信号及测量仪表的指示，并到现场检查断路器实际分、合闸位置。

（4）电动分、合闸后，若发现分、合闸未成功，应立即取下控制保险或断开控制电源开关，以防烧坏分、合闸线圈。

（5）接地故障处理：原则上厂用系统发生单相接地允许 2h；检查各相电压、检查带电显示器判断接地故障相；若为永久性故障，则采用逐步排除法查找接地点，原则为先切除不重要负荷，后切除重要负荷，先厂外、后厂内进行，备用电源自动投入装置应退出工作；接地超过 2h，仍未排除故障点，则须停电处理。

（6）厂用失电处理：若因主电源故障，应立即上报并联系投入备用电源。

第16章 架空线路运行及维护概述

架空线路是由开关、刀闸、接地刀、配电变压器、线路走廊、电缆线路、杆塔及塔上电气设备、互感器、避雷器、避雷线、光缆等组成。

电站运行及维护人员须明确线路产权分界点和维修界限,保证管辖范围内的线路的正常运行。在此基础上,电站运行及维护人员必须掌握所辖范围内线路设备状况和维修技术,防止外力破坏,做好线路及其相关设备的保护工作。

16.1 运行及维护

架空线路包含设备较多,长期暴露在空气中,且距离相对较长,有些敷设路径情况也较为复杂,其运行及维护难度较大,运行及维护内容也较多。

(1) 检查杆塔基础表面水泥是否脱落,钢筋是否外露,装配式基础是否锈蚀、基础周围环境是否发生不良变化;

(2) 杆塔的倾斜、横担的歪斜程度、主材相邻结点间弯曲度、钢筋混凝土横纵向裂纹等均不应超过规范规程规定的范围。

(3) 导线及地线表面腐蚀、外层脱落或疲劳状态,应取样进行强度实验。

(4) 应依据规范规程要求,依据工程实际情况制定导线及地线由于断股、损伤减少截面的处理标准。

(5) 瓷质绝缘子伞裙破损,瓷质有裂纹,瓷釉烧坏;钢脚、钢帽、浇装水泥有裂纹、歪斜、变形或严重锈蚀;盘形绝缘子绝缘电阻阻值不满足要求;绝缘横担有严重结构裂纹,瓷釉烧坏,瓷质损坏,伞裙破损;各电压等级线路最小空气间隙及绝缘子使用最少片数,未预留适当裕度。

(6) 金具发生变形、锈蚀、烧伤、裂纹,金具连接处转动不灵活,磨损后的安全系数小于2.0;防振锤、阻尼线、间隔棒等防震金具发生位移;屏蔽环、均压环出现倾斜与松动。

(7) 接地装置:接地引下线断开或与接地体接触不良;接地装置外露或腐蚀严重,被腐蚀后其导体截面低于原值的80%。

(8) 35kV及以下各相间弧垂允许偏差最大值线路为200mm;垂直排列双分裂导线同相子导线的弧垂允许偏差值为100mm;导线的对地距离及交叉距离应符合规程要求。

(9) 定期巡视:经常掌握线路各部件运行情况及沿线情况,及时发现设备缺陷和威胁线路安全运行的情况；定期巡视每月至少 1 次，站内线路也可根据具体情况适当调整，巡视区段为全线。

（10）故障巡视：查找线路的故障点，查明故障原因及故障情况，故障巡视应在发生故障后及时进行，巡视区段为发生故障的区段或全线。

（11）特殊巡视：在气候剧烈变化、自然灾害频发、外力影响、异常运行和其他特殊情况时，及时发现线路的异常现象及部件的变形损坏情况。特殊巡视根据需要及时进行，一般巡视全线、某线段或某部件。

（12）夜间、交叉和诊断性巡视：根据运行季节特点、线路的健康情况和环境特点确定重点，巡视根据运行情况及时进行，一般巡视全线、某线段或某部件。

（13）巡视过程中，消除线路沿线的草堆、木柴堆、垃圾堆及可能危及架空线路安全的树枝，检查线路上是否挂有异物；查明线路沿线所发生的各种异常现象，如在沿线栽植树木、架设跨越的其他线路等；有危及线路安全及线路导线风偏摆动时，可能引起放电的树木或其他设施。

（14）检查杆塔本身及各部件有无歪斜现象；检查杆塔基础是否下沉，杆基周围沙丘是否移动，山体是否滑塌或失陷，拉线是否断股、松弛、地锚浮出。

（15）检查导线及避雷线有无断股、磨损、变形、腐蚀、闪络等损伤痕迹，有无振动现象。

（16）检查导线、避雷线及接地线是否有断股线或松弛过大不均等情况；检查线夹上有无锈蚀，是否缺少螺栓和垫圈，有无螺帽松开现象；检查导线及接头有无过热、放电现象。

（17）检查线路及杆塔附件及其他设施有无缺陷和异常运行情况，如：防振锤移位、脱落、偏斜、钢丝断股，阻尼线变形、烧伤、绑线松动；分裂导线的间隔棒松动、位移、折断、线夹脱落、连接处磨损和放电烧伤；均压环、屏蔽环锈蚀及螺栓松动、偏斜；附属通信设施损坏，各种检测装置缺损；相位、警告、指示及防护等标志缺损、丢失，线路名称、杆塔编号字迹不清。

（18）各类短路故障发生后，检查母线有无变形、损坏，瓷瓶表面是否有放电痕迹；接地故障后，检查母线有无变形、损坏，瓷瓶表面是否有放电痕迹；雷雨后，应检查绝缘子是否有破损、裂纹及放电痕迹。

16.2 异常处理

35kV 及以下架空线路常见故障类型有单相接地故障、短路故障、断路故障等，故障或异常发生时，应按下述程序处理：

（1）线路开关跳闸：监控系统报出相应故障信息，保护装置主保护动作跳闸，首先调取故障信息记录，查明故障点后，将检查结果汇报给调度、电站负责人及主管领导。

（2）开关零序保护、过流保护动作跳闸：应尽快查出故障点和原因，消除事故根源，防止事故扩大，如故障点不能立刻恢复，做好故障设备的隔离，尽量缩小事故停电范围和减少事故损失，对已停电的发电单元应尽快排除故障以恢复发电。

(3) 架空集电线路异常运行故障：电杆有裂纹，基座有裂痕；电杆上瓷瓶有异物，有裂纹，损坏、放电痕迹等异常现象；线路有放电现象；接地装置连接不良好，有锈蚀、损坏等现象。

(4) 发生永久性接地或频发性接地故障、线路电压异常、断路器故障跳闸时，值长应迅速组织人员对该线路进行全面巡查，直至故障点查出为止。负荷开关或熔断器掉闸时，不得盲目试送，必须详细检查线路和有关设备，确无问题后，方可恢复送电。

(5) 当设备发生接地时，室内人体不得接近距故障点 4m 以内，室外不得接近距故障点 8m 以内，进入上述范围的工作人员必须穿绝缘靴，戴绝缘手套，使用专用工具。

(6) 事故巡查人员应将事故现场状况和经过做好记录，并收集引起设备故障的一切部件，加以妥善保管，作为分析事故的依据。

(7) 紧急情况下，事故处理工作可在保证人身和设备安全运行的前提下，采取临时应急措施，但事后应及时查明异常或故障原因，排除后使系统恢复原状。

第 17 章 继电保护装置运行及维护概述

继电保护装置的作用是当电力系统中的电力元件（如变压器、线路等）或电力系统本身发生了故障危及电力系统安全运行时，能够及时发出警告信号或跳闸命令以终止这些事件发展的一种自动化措施和设备，其核心作用在于：

（1）监视电力系统的正常运行，当被保护的电力系统元件发生故障时，使故障元件及时从电力系统中断开，以最大限度地减少对电力系统元件本身的损坏，降低对电力系统安全供电的影响。

（2）监视电气设备的不正常工作情况，并根据不正常工作情况和设备运行维护条件的不同发出信号，提示值班员迅速采取措施，使之尽快恢复正常。

（3）实现电力系统的自动化和远程操作，以及工业生产的自动控制。如自动重合闸、备用电源自动投入、遥控、遥测等。

电站运行人员应熟悉继电保护的基本原理和主要结构，熟悉继电保护的配置和保护范围正定概念，能正确地投、退保护软、硬压板，整组投运或停运继电保护装置，进行简单的人机对话，按规定对继电保护进行正常监视、检查，能看懂信息报告，能对继电保护及回路上的作业及安全措施进行监督、验收、传动。

17.1 运行及维护

继电保护装置整定值经过计算设置，因此一般情况下不得随意变更其整定值，需变更整定值时由保护人员进行；不得随意改变其运行方式，须投入、退出保护应根据调度指令。继电保护装置运行及维护应遵循下述规定：

（1）开关站开关柜上装设测控保护装置，装设有过电流保护、零序过电流保护，测控保护装置能够将所有信息上传至监控系统。

（2）升压箱式变电站设置高温报警、超温跳闸保护、过流保护，动作后跳低压侧开关。箱变高低压开关柜刀闸位置、保护动作、变压器非电量等信息通过电缆硬接点方式上传至开关站监控系统。

（3）逆变器具备极性反接保护、短路保护、孤岛效应保护、过热保护、过载保护、接地保护等，装置异常时自动脱离系统。

（4）遇到下列情况之一时，应将相应的保护装置退出运行，待相应操作完成后再将保护投入运行情况分别为：

1) 运行中须更改保护整定值。

2) 保护回路有检修工作。

3) 电压互感器因故退出运行。

4) 保护装置本身有故障,不能正常运行。

(5) 电流、电压互感器一次或二次设备(回路)变动后,必须带负荷进行互感器极性测试。

(6) 继电保护的投入、退出和事故时的动作情况,以及保护装置本身发出的异常、告警现象均应详细记录。

(7) 继电保护及二次回路上工作必须持有工作票,并应履行工作许可制度,运行人员必须审查工作票及其安全措施。

(8) 未经当值值班人员同意,不得利用保护装置作开关传动试验。

(9) 继电保护工作完成以后,值班人员应进行以下操作并做好记录工作,即:

1) 拆除全部临时线,恢复拆开的线头连片。

2) 保证保护压板的名称、投退位置正确,接触良好。

3) 保证各信号灯、指示灯正确。

4) 核对保护整定值。

5) 协同保护人员带开关联动试验,且动作可靠,信号正确。

6) 电压互感器、电流互感器的二次侧及端子无短路和开路现象。

(10) 设备投运前及现场运行设备继电保护整定值改变后,应仔细核对现场继电保护工作记录、整定值,核对无误后,方可将设备投入系统运行。

(11) 保证装置各信号灯指示正确,与设备实际运行状态对应。

(12) 检查保护装置是否存在异常告警。

(13) 保证装置显示信息量(如电压、电流、功率一次值、保护投入情况等)正确,与实测值对应。

(14) 保证检查继电保护装置显示时间正确无误。

17.2 异常处理

继电保护和自动装置异常有装置异常告警、电能量采集错误、直流系统接地等。

1. 装置异常告警

(1) 继电保护装置和自动装置有异常时,应立即汇报调度,严禁不经允许擅自操作保护装置。

(2) 电流互感器二次回路或电压互感器二次回路短路时,应迅速将与互感器连接的保护退出。

(3) 装置发"电压回路断线"信息时,应退出相关的保护。

(4) 当发现装置异常,有误动作可能(如继电器吊牌、冒烟着火或接点开闭异常、阻抗原件异常等)应立即将该保护退出。

2. 电能量采集错误

监控系统或生产管理系统电能采集数据错误时,应按下述原则处理:

（1）检查电能采集工控机与各电能采集装置通信是否正常，是否有端子松动的情况。

（2）检查采集装置（电能表）电压、电流回路，计量用电压互感器二次保险运行情况。

（3）尽快恢复电能量采集系统的运行，并记录好当时系统的负荷情况。

3. 直流系统接地

保护、自动装置直流系统发生接地现象时，按直流接地查找原则处理。

（1）运行人员应将保护装置及自动化装置动作情况记录清楚，并汇报值长，在得到值长的许可后方可复归信号。

（2）值长应在值班记录本上记录清楚，调度所调管设备及保护应及时汇报调度员，在事故 24h 内写出书面报告，并汇报主管生产经理。

第18章 计算机监控系统运行及维护概述

光伏电站的监控系统从一开始的 PC 机现场监控到现在的网络远程监控,已经发展了几年的时间。计算机监控系统设计实施的总目标在于:

(1) 建设光伏电站监控设备的统一管理平台,实现电站设备的统一运行监控,数据的集中管理,给运行人员、检修人员、管理人员等提供全面、便捷、差异化的数据和服务。

(2) 整合监测数据,实现不同人员的差异化服务。为运行人员、管理人员、检修人员、领导等不同人员提供不同的用户界面、展现方式、数据信息等。

通过计算机监控系统,人们可以进行集群监测和管理,无须到现场逐台设备查看状况,更有利于进行数据汇总、生成曲线、数据分析,网络监控更加便于人们进行远程管理,大量节约人力成本。实际应用中,光伏电站监控将光伏电站的各种设备,如逆变器、汇流箱、辐照仪、气象仪、电表等,通过数据采集器将这些电量或其他与运行有关的信息以有线或无线(信号采集线目前仍旧以有线方式为主)连接起来构成一个整体,方便电站管理人员和用户对光伏电站的运行数据查看和管理。

18.1 运行及维护

(1) 检查后台机(含 UPS 装置)运行是否正常。

(2) 检查有关数据显示是否正确,各遥测、遥信量是否正确无误。

(3) 检查后台打印机工作是否正常,打印纸安装是否正确,数量是否足够。

(4) 检查或维护过程中,严禁更改后台机的参数、图表及实时数据。禁止退出监控系统。

(5) 监控系统主服务器故障时,从服务器立即切为主机。运行过程中,不允许 2 台操作员工作站同时退出,以保证事故或故障信息提示完整。

(6) 监控系统装置运行时,禁止在装置电源上接入其他用电设备。

(7) 监控系统工作站运行时,禁止在工作站上进行与工作无关的操作,不准在工作站上使用 U 盘、移动硬盘以及光盘等设备。

(8) 运行值班人员对监控系统进行操作,应通过登录及授权验证后方可进行。

(9) 运行值班人员在正常监视调用画面或操作后应及时关闭对话窗口。

(10) 监控系统电源不得随意中断。

(11) 非专业人员不得进行计算机内部参数修改。

(12)对监控系统信息及时确认,必要时要到现场确认或及时汇报当班值长。

(13)运行中的监控系统主机如遇死机情况,严禁强行关闭计算机电源开关进行重启,必须由专业维护人员进行处理。

(14)上位机巡查检查上位机各服务器运行正常,通信正常,网络交换机、GPS时钟装置运行正常、电源供电正常。

(15)检查公用测控盘各模块运行是否正常、有无报警信号、与各设备通信是否正常,现地显示屏各数据显示是否正常,设备各元器件有无过热、异味、断线等情况,环境综合检测装置检查有无故障。

(16)检查逆变器室数据采集装置各模块运行是否正常、有无报警信号、与各设备通信是否正常,现地显示屏各数据显示是否正常,设备各元件有无过热、异味、断线等情况。

(17)检查变压器或箱式变电站数据采集装置各模块运行是否正常、有无报警信号、与各设备通信是否正常,现地显示屏各数据显示是否正常,设备各元件有无过热、异味、断线等情况。

18.2 异 常 处 理

计算机监控系统着重监控光伏电站的生产状况,一般情况下多数为监视设备运行状态。从可靠性角度考虑,当监控系统发现故障或异常时,需要值班人员现场巡视或实测确认报警信息真实性,然后才采取对应操作。

(1)升压站工作站故障:应迅速查找原因并设法恢复,如短时无法恢复,则应立即汇报上级调度,并安排人员对35kV配电室、保护室设备定点监视。在此期间严禁安排重大操作。

(2)发电单元故障:调度下令减负荷时,应从其他正常发电单元的逆变器开始减负荷,如还不满足要求,可在现场手动停止逆变器。

第19章 光伏电站运维管理概述

19.1 生产运行与维修管理

生产运行与维修管理包含工作票管理、操作票管理、运行记录管理、巡检管理、预防性维修管理、生产准备管理等多方面的内容。

1. 工作票管理

工作票制度是系统安全风险和检修质量控制的关键性保证。工作票编制时需要细化设备缺陷消除过程的步骤，做好风险预判，其主要内容包含：工作位置、工作先决条件、工作步骤、工作成员、工作风险及应急措施等；工作票对工作过程中的关键点进行控制以保障工作质量；工作票执行时需要严格执行工作流程；工作票执行完毕后必须保存工作记录。

2. 操作票管理

操作票中操作指令应明确无歧义，操作人员至少须由2人进行操作，操作人员和监护人员共同承担操作责任，核实功能位置、隔离边界、操作指令、风险控制后按照操作票逐条唱票进行操作，严禁私自送电。

3. 运行记录管理

运行记录主要为运行日志，运行日志记录电站主要工作内容、电站出力、累计电量、故障损失、巡检和异常情况等；每日工作结束后应在管理系统中如实、详细记录电站运行情况，并填写纸质运行日志予以妥善保存。

除此之外，电站负责人应每日检查电站监控系统和自动控制装置监控系统的运行记录，以严格保证其完整性，并对之进行妥善保管。

4. 巡检管理

巡检分为日常巡检、定期巡检和重点巡检三种方式。

日常巡检是电站值班员例行工作，按照巡检路线对电站设备进行巡视、检查、抄表等工作；定期巡检是针对光伏电站建设地点的气候和特殊天气情况下进行的有针对性的巡检；重点巡检是对重要敏感设备进行加强巡视和检查，保证重要设备可靠运行的手段。

不论何种巡检，首要工作均为关注系统当前运行状态，发现故障隐患并判断可能的故障类型，基于理论及实践知识及时判定可能的故障原因、等级和造成破坏的严重程度。设备巡检是保证设备可靠运行的重要手段。

19.2 安全与质量监控

19.2.1 光伏电站安全

光伏电站安全包含生产安全管理、授权管理、安全设施管理、灾害预防、应急响应等方面的问题。

1. 生产安全管理

光伏电站的生产安全管理包含电力安全管理、工业安全管理、消防安全管理、现场作业安全管理、紧急事件/事故处置流程管理、事故管理流程规范化、安全物资管理、厂房安全管理、安全标识管理、交通安全管理等。

2. 安全授权管理

为保证电站人员和设备安全，所有入场人员需要接受安全培训，培训内容包含电力安全培训、工业安全培训、消防安全培训、急救培训。

3. 安全设施管理

消防系统、绝缘系统、警示系统等均属于电站安全设施，安全设施需要定期保养、维护、更换，并应有记录。

4. 灾害预防

灾害预防工作包含灾害数据记录与分析、灾害分级及响应流程、防灾风险与经济评估、防灾措施建立、防灾物资和车辆准备等，是灾害来临时减少电站损失的有力保障。

5. 应急响应

应急响应可分为应急准备、应急实施和应急串件后评价三个阶段。

应急准备阶段须建立应急响应组织，期间工作包含应急流程体系建设、汇报制度建立、应急预案的编写、突发事件处置流程的建立、通讯录与应急信息渠道的建立等；应急实施阶段包含应急状态的启动、响应、行动和终止等内容；应急事件后评价包含损失统计、保险索赔、事故处理、电站恢复等。

19.2.2 光伏电站质量监控

1. 质量监控目标

质量监控目标是建立电站质量保证体系的基础，电站质量监控目标由生产准备、调试阶段及运营阶段三大质量监控目标组成。生产准备期间主要针对质量体系文件建设和信息管理等方面做质量管控；调试阶段针对调试期间各项工作进行质量管控，包含对组织机构控制、文件控制、设计控制等方面；运营阶段则包含运行管理控制、维修管理控制、采购和材料管理控制、培训和人员资格控制消防及工业安全控制、安保和出入口管理控制、应急管理控制等。

2. 质量监控流程管理

为保证质量监控合法合规有序进行，质量监控须拟订流程，按照流程进行管控，质量监控流程应包含监控监查计划管理、体系监查流程、质保文件审查流程、质量保证监控流程、质量检查与验证、质量事件调查流程、相关方满意测量流程等。

3. 技术文件审查

技术文件审查的目的在于保证电站技术文件科学、合理、可实施、可评估，保证电站人员安全和设备安全，保证电站工作效果和质量。技术文件审查应符合质量保证体系要求，技术文件的发布须经编写部门、程序涉及部门、质量保证部门和相关技术专家组进行会审后经分管领导批准后生效，会审记录应完整保存。

4. 维修及纠正措施管理

在电站维修管理中，应根据各类技术文件要求确定维修对象及维修措施，对发生严重质量问题的事件处以维修返工处罚，维修返工后需要进行品质再鉴定和功能再鉴定。

在质保独立监查中发现缺陷后按照缺陷的严重程度和影响程度对缺陷划分级别并出具相应的整改通知。

19.3 其 他 管 理

分布式光伏电站还存在故障快速诊断与响应管理、电站全寿命周期设备状态监控与老化研究、气象数据分析、电站能效分析等诸多分析管理方案。

1. 故障快速诊断与响应管理

对于分布式光伏电站，电站巡检员发现重大故障时，需要进行快速隔离和处置使设备处于安全状态，为不对光伏电站发电指标和电网安全产生重大影响，区域化公司须配备快速响应专家组评估和分析重大技术问题，并快速制定行动方案以便妥善消除缺陷，恢复系统正常运行。

2. 电站全寿命周期设备状态监控与老化研究

电站全寿命周期设备状态监控与老化研究工作是为保证电站设计寿期内因设备老化造成的非计划停机、降负荷、设备失效等问题得到有效预防和解决，保障服役期大于等于电站设计寿命周期而进行的工作。

3. 气象数据分析

在光伏电站设计时，影响发电量的原因主要有太阳辐照度、温度和环境、阵列遮挡、MPPT跟踪、各类设备损耗、逆变器转换效率、组串失配、污秽等。光照、温度、遮挡、污秽等因素主要与气象条件有关，可见对气象数据的分析对光伏电站而言具有重要意义。

4. 电站能效分析

结合电站发电效率分析结果进行电站能效分析，用以全面评价电站运营情况和管理水平，主要包含电站综合效率、等效利用小时数、非计划能量损失率、设备故障损失率、重要设备不可用率、8500h非计划脱网次数、度电成本、工业安全事故率、限电损失率等。

总之，光伏电站管理是一个非常复杂的系统性工程，需要投入大量时间、人力去完善修正管理系统及管理架构。

附录　GOODWE SMT 系列产品介绍

1. 产品特性

- 逆变器概览

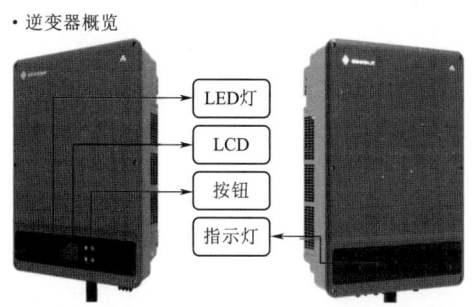

◆ －30～50℃满载输出
◆ IP65 防护等级
◆ 兼容 Tigo 优化器
◆ 最大效率大于 98.5%
◆ 有屏版本支持 RS485、WiFi、GPRS、PLC 四种监控方式
◆ 无屏版本支持 WiFi，WiFi＋RS485 & GPRS＋RS485 三种监控方式

☞：针对无屏版本，WiFi 模块是标准配置。

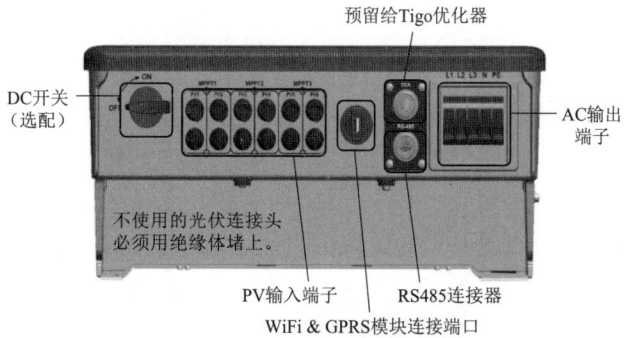

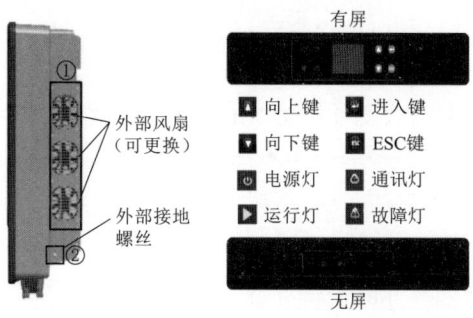

附录　GOODWE SMT 系列产品介绍

2. 技术参数

技术参数	GW25K-MT	GW30K-MT	GW36K-MT	GW40K-MT	GW50KS-MT	GW60KS-MT
输入参数						
最大输入功率/W	32500	39000	42900	60480	75000	90000
最大输入电压/V	1100	1100	1100	1100	1100	1100
MPPT电压范围/V	200～950	200～950	200～950	200～950	200～950	200～950
启动电压/V	180	180	180	180	180	180
额定输入电压/V	600	600	600	600	600	600
每路MPPT最大输入电流/A	30	30	30	30	30	30
每路MPPT最大短路电流/A	37.5	37.5	37.5	37.5	37.5	37.5
MPPT数量	3	3	3	4	5	6
每路MPPT输入组串数	2	2	2	2	2	2
输出参数						
额定输出功率/W	25000	30000	36000	40000	50000	60000
最大输出有功功率/W	27500	33000	37800	44000	55000	66000
最大输出视在功率/W	27500	33000	37800	44000	55000	66000
额定输出电压/V	400，3L/N/PE or 3L/PE					
输出电压频率/Hz	50/60	50/60	50/60	50/60	50/60	50/60
最大输出电流/A	40	48	54.5	63.8	80	96
功率因数	−1（0.8超前～0.8滞后可调）					
最大总谐波失真	<3%	<3%	<3%	<3%	<3%	<3%
效率						
最大效率%	98.7	98.8	98.8	98.6	98.6	98.6
中国效率%	98.4	98.5	98.5	98.3	98.1	98.1
保护						
组串电流监测	集成	集成	集成	集成	集成	集成
残余电流监测	集成	集成	集成	集成	集成	集成
绝缘阻抗检测	集成	集成	集成	集成	集成	集成
防孤岛保护	集成	集成	集成	集成	集成	集成
输入反接保护	集成	集成	集成	集成	集成	集成
直流浪涌保护	三级（二级可选）	三级（二级可选）	三级（二级可选）	三级（二级可选）	二级（一级可选）	二级（一级可选）
交流浪涌保护	三级（二级可选）	三级（二级可选）	三级（二级可选）	三级（二级可选）	二级（一级可选）	二级（一级可选）
交流过流保护	集成	集成	集成	集成	集成	集成
交流短路保护	集成	集成	集成	集成	集成	集成
交流过压保护	集成	集成	集成	集成	集成	集成
直流拉弧保护	可选	可选	可选	可选	可选	可选
端子温度检测	可选	可选	可选	可选	可选	可选
PID修复	可选	可选	可选	可选	可选	可选
常规参数						
工作温度范围/℃	−30～60	−30～60	−30～60	−30～60	−30～60	−30～60
相对湿度	0～100%	0～100%	0～100%	0～100%	0～100%	0～100%
工作海拔/m	≤3.00	≤3.00	≤3.00	≤4.00	≤4.00	≤4.00
冷却方式	智能风冷	智能风冷	智能风冷	智能风冷	智能风冷	智能风冷
人机交互	LCD&LED或LED&APP	LCD&LED或LED&APP	LCD&LED或LED&APP	LCD&LED或LED&APP	LCD&LED或LED&APP	LCD&LED或LED&APP
通讯方式	RS4855或WiFi或4G或PLC					
通讯协议	Modbus-RTU（SunSpec兼容）					
重量/kg	40	40	40	42	55	55
尺寸（宽×高×厚）/（mm×mm×mm）	480×590×200	480×590×200	480×590×200	480×590×200	520×660×220	520×660×220
防护等级	IP65	IP65	IP65	IP65	IP65	IP65
夜间自耗电/W	<1	<1	<1	<1	<1	<1
拓扑结构	无变压器型	无变压器型	无变压器型	无变压器型	无变压器型	无变压器型
认证标准						
并网标准	NB/T 32004	NB/T 32004	NB/T 32004	NB/T 32004	NB/T 32004	NB/T 32004
安全标准	NB/T 32004	NB/T 32004	NB/T 32004	NB/T 32004	NB/T 32004	NB/T 32004
EMC标准	NB/T 32004	NB/T 32004	NB/T 32004	NB/T 32004	NB/T 32004	NB/T 32004

3. 硬件安装指南

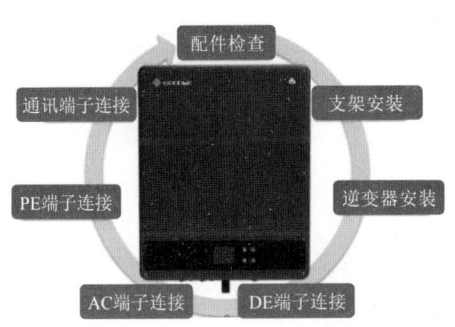

第1步：配件检查

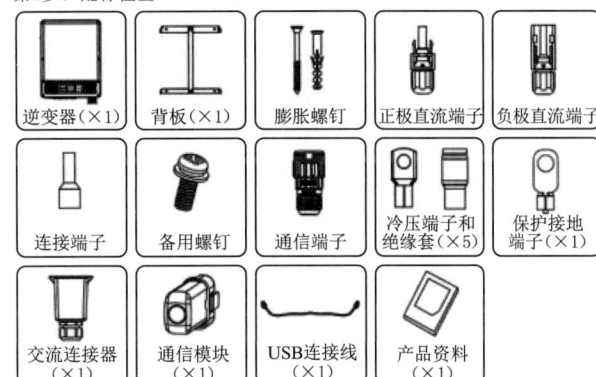

第2步：支架安装

Ⅰ. 将支架放在墙上，标出4个孔的位置。
Ⅱ. 用电钻打孔，保证孔宽10mm，深80mm，以支持逆变器。
Ⅲ. 将膨胀管安装到孔中并拧紧。
Ⅳ. 用膨胀螺钉安装壁挂架。

第3步：SMT安装

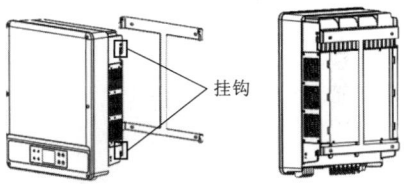

握住SMT的两侧，将挂钩放置在固定支架上。

第4步：直流端子连接

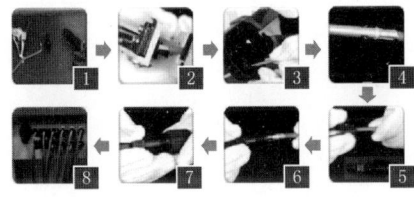

第5步：交流端子连接

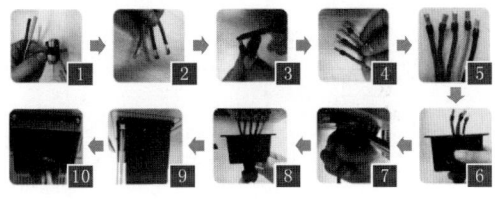

第6步：PE端子连接

➢ 在SMT右下方装有1个PE端子，请参考以下步骤来进行连接。

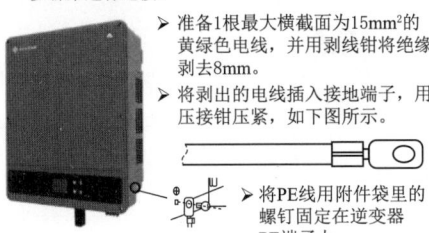

➢ 准备1根最大横截面为15mm²的黄绿色电线，并用剥线钳将绝缘剥去8mm。
➢ 将剥出的电线插入接地端子，用压接钳压紧，如下图所示。
➢ 将PE线用附件袋里的螺钉固定在逆变器PE端子上。

第7步：通信端子连接

➢ 如果使用WiFi/GPRS模块来进行通讯，请参考以下步骤来进行连接。

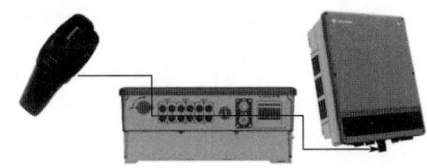

附录　GOODWE SMT 系列产品介绍

4. 参数设置

- SMT的所有连接完毕后，打开直流开关，接通逆变器电源。请确保PV电压高于逆变器的启动电压，否则逆变器无法开机。
- 开机前请选择安规并确认逆变器的时间。

- 逆变器上电，然后短按 ■ 按钮3次，将在屏幕上看到"基础&高级"。短按 ■ 来选择"基础设置"然后再次短按 ■ 来进入基础配置页面。

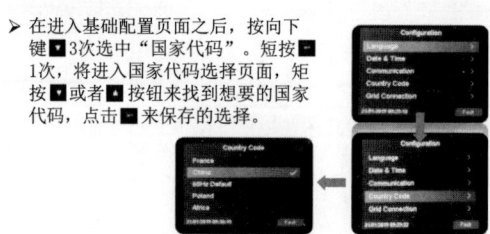

- 在进入基础配置页面之后，按向下键 ■ 3次选中"国家代码"。短按 ■ 1次，将进入国家代码选择页面，短按 ■ 或者 ■ 按钮来找到想要的国家代码，点击 ■ 来保存的选择。

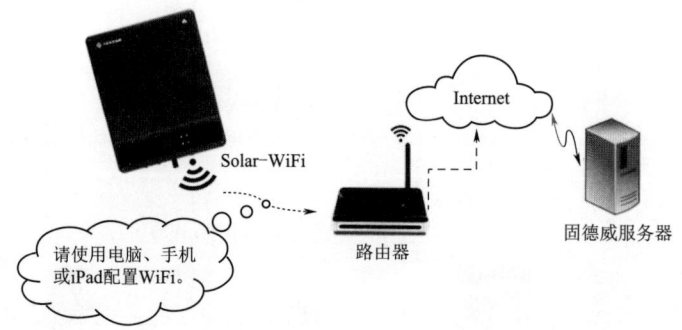

5. WiFi 配置

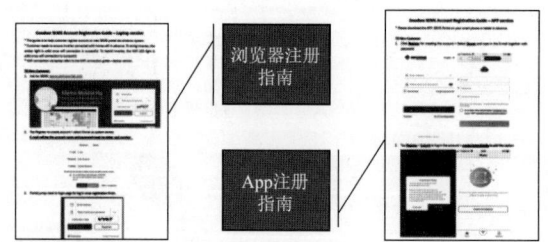

请使用电脑、手机或iPad配置WiFi。

6. 电站创建

如果在门户网站上没有所有者账户，请在浏览器上登录www.semsportal.com注册一个新账户，或者可以在App SEMS portal中注册一个所有者账户。

浏览器注册指南

App注册指南

7. 问与答

（1）问：SMT 能实现组串监控吗？

答：是的，可以在逆变器屏幕和固德威 SEMS 门户网站上检查组串电流。

（2）问：一个并网点上最多能并联多少台 SMT 逆变器？

答：一个并网点连接最好不超过 40 台。

184

（3）问：是否可以将 SMT 从无屏版本改为有屏版本？

答：是的，无屏版本和有屏版本唯一的区别就是顶盖，如果客户想换另一个版本，只需要买这个逆变器的顶盖就可以了。

（4）问：是否所有 SMT 支持持续 10％的交流输出过载？

答：不是，目前只有 SMT25K 和 SMT30K 持续支持 10％交流输出过载。

参 考 文 献

[1] 李英姿. 太阳能光伏并网发电系统设计与应用 [M]. 北京：机械工业出版社，2014.
[2] 沈辉，曾祖勤. 太阳能光伏发电技术 [M]. 北京：化学工业出版社，2005.
[3] 冯垛生. 太阳能发电原理与应用 [M]. 北京：人民邮电出版社，2007.
[4] 鞠平. 电力工程 [M]. 北京：机械工业出版社，2009.
[5] 王士政，冯金光. 发电厂电气部分 [M]. 北京：中国水利水电出版社，2002.
[6] 姚春球. 发电厂电气部分 [M]. 北京：中国电力出版社，2007.
[7] 机械工业信息研究院. 变压器与电力电容器产品供应目录 [M]. 北京：机械工业出版社，2002.
[8] 朱雪凌. 电力系统继电保护原理 [M]. 北京：中国电力出版社，2009.
[9] 周文俊. 电气设备实用手册 [M]. 北京：中国水利水电出版社，1999.
[10] 李斌. 光伏发电并网保护协调性和供电可靠性研究 [M]. 北京：中国水利水电出版社，2018.
[11] 刘学军. 继电保护原理 [M]. 北京：中国电力出版社，2004.
[12] 电力设备选型手册编写组. 电力设备选型手册 [M]. 北京：中国水利水电出版社，2007.
[13] 傅知兰. 电力系统电气设备选择与实用计算 [M]. 北京：中国电力出版社，2004.
[14] AKINYELE D O, RAYUDU R K. Review of energy storage technologies for sustainable power networks [J]. Sustainable Energy Technologies and Assessments，2014，8：74 - 91.
[15] CHEN H S, CONG T N, YANG W, et al. Progress in electrical energy storage system：A critical review [J]. Progress in Natural Science，2008，19（3）：291 - 312.
[16] BOLLEN M H J. What is power quality? [J]. Electric Power Systems Research，2003，66（1）：5 - 14.
[17] DENHOLM P, KULCINSKI G L. Life cycle energy requirements and greenhouse gas emissions from large scale energy storage systems [J]. Energy Conversion and Management，2003，45（13/14）：2153 - 2172.
[18] HUNT J D, ZAKERI B, LOPES R, et al. Existing and new arrangements of pumped - hydro storage plants [J]. Renewable and Sustainable Energy Reviews，2020，129：109914.
[19] SAULSBURY J. A Comparison of the Environmental Effects of Open - Loop and Closed - Loop Pumped Storage Hydropower [R]. Office of Scientific and TechnicalInformation（OSTI），2020.
[20] AMIRYAR M E, PULLEN K R. A Review of Flywheel Energy Storage System Technologies and Their Applications [J]. Applied Sciences，2017，7（3）：286.
[21] FERTIG E, APT J. Economics of compressed air energy storage to integrate wind power：A case study in ERCOT [J]. Energy Policy，2011，39（5）：2330 - 2342.
[22] NAKHAMKIN M, ANDERSSON L, SWENSEN E, et al. AEC 110 MW CAES Plant：Status of Project [J]. Journal of Engineering for Gas Turbines and Power，1992，114（4）：695 - 700.
[23] CROTOGINO F, MOHMEYER K U, SCHARF R. Huntorf CAES：More than 20 Years of Successful Operation [C]//Florida：Solution Mining Research Institute（SMRI）Spring Meeting，2001.
[24] 梅生伟，李瑞，陈来军，等. 先进绝热压缩空气储能技术研究进展及展望 [J]. 中国电机工程学报，2018，38（10）：2893 - 2907，3140.
[25] MEI S W, LI R, CHEN L J, et al. An Overview and Outlook on Advanced Adiabatic Compressed Air

Energy Storage Technique [J]. Proceedings of the CSEE, 2018, 38 (10): 2893-2907, 3140.

[26] 郑明阳, 赖杰. 中盐金坛建压缩空气储能电站, 储能领域"前沿中的前沿"[J]. 中国盐业, 2019 (9): 29-32.

[27] BUCKLES W, HASSENZAHL W V. Superconducting Magnetic Energy Storage [J]. IEEE Power Engineering Review, 2000, 20 (5): 16-20.

[28] 饶宇飞, 司学振, 谷青发, 等. 储能技术发展趋势及技术现状分析 [J]. 电器与能效管理技术, 2020 (10): 7-15.

[29] 缪平, 姚祯, LEMMON J, 等. 电池储能技术研究进展及展望 [J]. 储能科学与技术, 2020, 9 (3): 670-678.

[30] RAZA W, ALI F, RAZA N, et al. Recent Advancements in supercapacitor technology [J]. Nano Energy, 2018, 52: 441-473.

[31] SUO L M, BORODIN O, GAO T. "Water-in-salt" electrolyte enables high-voltage aqueous lithium-ion chemistries [J]. Science, 2015, 350 (6263): 938-943.

[32] WANG W, WEI X, CHOI D, et al. Electchemical cells for medium- and large-scale energy storage: fundamentals [C]//Advances in Batteries for Medium and Large-Scale Energy Storage. Cambridge: Woodhead Publishing, 2015.

[33] 王晓丽, 张宇, 李颖, 等. 全钒液流电池技术与产业发展状况 [J]. 储能科学与技术, 2015, 4 (5): 458-466.

[34] PAVLOV D. Fundamentals of Lead-Acid Batteries [C]//Lead-Acid Batteries: Science and Technology. Amsterdam: Elsevier, 2011.

[35] 江亿. 光储直柔——助力实现零碳电力的新型建筑配电系统 [J]. 暖通空调, 2021, 51 (10): 1-12.

[36] 刘晓华, 张涛, 刘效辰, 等. "光储直柔"建筑新型能源系统发展现状与研究展望 [J]. 暖通空调, 2022 (8): 1-9, 82.

[37] 贺家李, 宋从矩. 电力系统继电保护原理(增订版)[M]. 北京: 中国电力出版社, 2004.

[38] 李光琦. 电力系统暂态分析 [M]. 北京: 中国电力出版社, 2002.

[39] 陈珩. 电力系统稳态分析 [M]. 北京: 中国电力出版社, 1998.

[40] 弋东方. 电力工程电气设计手册(电气一次部分)[M]. 北京: 中国电力出版社, 1989.

[41] 许建安. 电力系统继电保护整定计算 [M]. 北京: 中国水利水电出版社, 2007.

[42] 弋东方. 电力工程电气设计手册(电气二次部分)[M]. 北京: 中国电力出版社, 1989.